Kurt Kuhn

Obstgartenhandbuch für Selbstversorger

Motto für den Obstbau:
„Wenn ich wüsste, dass morgen die Welt unterginge, würde ich heute ein Apfelbäumchen pflanzen."
Martin Luther

Motto für den Obstbauer:
„Um satt zu werden, musst du selbst essen. Um zu verstehen, musst du selbst denken."
Indische Weisheit

**OLV Organischer Landbau Verlag
Kurt Walter Lau**

Danksagung

Hiermit möchte ich allen Personen danken, die mir im Obstgarten ihr Vertrauen entgegen gebracht haben und jenen, die mich zur Veröffentlichung meiner Beobachtungen ermutigt haben. Danken möchte ich auch den Personen, die mir jedes Wort im Munde verdreht, bzw. jede meiner Taten angezweifelt haben, haben sie mich doch zur Festigung meiner Argumentation angeregt. Ein besonderer Dank geht an den Verleger Kurt Walter Lau für die detaillierte Durchsicht meines Skriptes sowie an Frau Marianne Feldbusch für die geduldige Satzerstellung.

Die Deutsche Bibliothek – CIP Einheitsaufnahme
Kuhn, Kurt: Obstgartenhandbuch für Selbstversorger
Kevelaer: OLV, Organischer Landbau-Verlag Lau, 2014
ISBN 978-3-922201-89-2

Das Werk einschließlich aller seiner Teile ist urheberrechtlich geschützt. Jede Verwertung außerhalb der engen Grenzen des Urheberrechtsgesetzes ist ohne Zustimmung des Verlages unzulässig und strafbar. Das gilt insbesondere für Vervielfältigungen, Übersetzungen, Mikroverfilmungen und die Einspeicherung und Verarbeitung in elektronischen Systemen.

Alle Angaben in diesem Buch sind sorgfältig geprüft und geben den neusten Wissensstand des Autors bei der Veröffentlichung wieder. Eine Haftung des Autors bzw. des Verlages und seiner Beauftragten für Personen-, Sach- und Vermögensschäden ist ausgeschlossen.

© 2014 OLV Organischer Landbau Verlag Kurt Walter Lau,
Im Kuckucksfeld 1, 47624 Kevelaer, www.olv-verlag.de
Lektorat: Kurt Walter Lau
Satz: Marianne Feldbusch
ISBN 978-3-922201-89-2

Fordern Sie bitte unverbindlich unseren Verlagsprospekt an!

Inhalt

Vorüberlegungen
Die Wahl der geeigneten Sorte 7
Die Befruchtung 16
Baumformen und Erträge 17
Obstverwertung und Lagerung 21

Obstbäume pflanzen
Zeitpunkt 25
Abstand zur Grundstücksgrenze 25
Pflanzloch 26
Dünger im Pflanzloch 27
Lagerung des Pflanzgutes und Vorbereitung der Wurzel 28
Containerpflanzen 29
Pflanzung 32
Befestigung 35
Baumscheibe 36
Düngen 37
Gießen 39
Rindenpflege und Stammschutz 39
Wühlmäuse 46
Blattläuse 46
Neupflanzungen auf der grünen Wiese 49
Wuchsgesetze 50

Obstgehölze schneiden
Warum schneiden? 52
Wachstums- und Ertragsverhältnis 55
Den Baum so wachsen lassen wie er mag 55
Dicht werden lassen und danach schneiden 56
Schneiden bedeutet Schmerzen 56
Gründlich schneiden und danach in Ruhe lassen. 57
Der Pflanz- und Erziehungsschnitt 58
Störungen 71
Die Vor- und Nachteile der Oeschbergkrone kurz gefasst 75

Kleine Tricks
Von uns ungewollte Reaktion vermeiden 79
Das Wachstum eines Seitentriebes anregen 80
Das Wachstum eines Seitentriebes bremsen 81
Der Hochstammbusch 83
Wurzelschosse sind Alarmzeichen 85
Wann schneiden? 86
Der Winterschnitt 90
Der Sommerschnitt 90
Langschnitt oder Kurzschnitt 91
Gut gemeint, aber dumm gelaufen 94
Versteckspiel 94
Oft gemachte Fehler 95
Schlechter Rat 96
Keine Schlitzäste dulden! 96
Der Umgang mit Schlitzästen 98

Obstbäume veredeln und gezielt formen
Handveredelungen Ende Januar/Anfang Februar 101

Obstgehölze pflegen
Alternanz und Gegenmaßnahmen 107
Naturgemäß düngen 110
Fruchtbare Böden auf Streuobstwiesen 117
Synthetische Dünger 121
Wunder gibt es immer wieder 122
Obstbäume und Rasen 122
Stammschutz 124
Alt und gebeugt 125
Mit Bäumen sprechen 127
Arbeitsschutz 127

Parasiten und Krankheiten
Frostspanner und Fruchtwickler 129
Fallobst und Fruchtmumien 134
Schorf und Mehltau 136
Spitzendürre (Monilia) und Feuerbrand 138
Krebs und Kragenfäule 141

Am Rande beobachtet
  Wo sind die Insekten geblieben? 143
  Maulwürfe und Engerlinge 148
  Thujas und Wacholder ohne Ende 150
  „In diesem Jahr gibt's nichts!" 152
  „Ohne Spritzen gibt's nichts!" 153
  „Die Bäume sind nicht mehr das was sie mal waren" 157
  Bio oder Chemie? 158
  Unkraut, Wildkraut und Zeigerpflanzen 163

Falsch verstanden
  Der Prophet im eigenen Lande 166
  „Das macht man so!" 166
  Der winterfeste Garten 167
  Ekelhaftes Getier 168
  Grasringe am Baumstamm 170
  Umgraben 171
  Versteckter Kompost 172
  Umweltschutz durch Brachland? 177
  Kommerz 178
  Omas Hinterhof 178
  „Geduld bringt Rosen" 179
  Der Meister hat keine Schüler 180
  Naturgeschichte 181
  Der Herr und sein Diener 183
  Nachwort 186
  Literaturtipp 187

Gedichte und Sprüche 189

Vorüberlegungen

Die Wahl der geeigneten Sorte

Viele Kenner behaupten mit Recht, dass die Sortenwahl der erste und wichtigste Schritt zum Erfolg ist. Vorher muss man sich aber über die Standortbedingungen im Klaren sein. Wie ist der Boden, locker oder fest, trocken oder feucht, warm oder kalt, reich an Humusstoffen oder karg? Tal-, Hügel- oder Hanglage haben einen enormen Einfluss auf die vorgenannten Faktoren. Ist mit Spätfrösten zu rechnen? Im Herbst werden die Schatten lang. Ist der Standort zum Ausreifen der Früchte warm und hell genug? Ist die Lage windig oder befindet sie sich gar in einem Windkanal? Manchmal sind riesige Flächen davon betroffen. Besonders wenn sie in Richtung Nordost offen sind, kann es bei besonderen Wetterlagen (Luftströmung) unangenehm kalt werden. Künstliche Windkanäle entstehen oft durch kompakte Hecken. Hecken können auch den Abzug kalter Luftmassen verhindern.

Kreuzweg mit Wiese

Wie ist das Mikroklima? Eine windgeschützte Ecke kann tagsüber sehr warm, aber gerade deswegen großen Temperaturschwankungen ausgesetzt sein oder zu wenig Licht bekommen.
Große Steine oder hohe Wände speichern riesige Energiemengen und halten den Standort relativ konstant temperiert.
Fragen über Fragen und niemand kann sie in einem Satz beantworten. Moderne Autos sind mit einem Außenfühler ausgestattet und man kann die Temperaturunterschiede gut beobachten. Einige hundert Meter Entfernung bedeuten manchmal zwei bis drei Grad Celsius Unterschied. Langfristig wirkt sich das ganz bestimmt auf die Vegetation aus. Wenn man ein Grundstück fern der vertrauten Gegend erworben hat, sollte man Personen, die die Standortbedingungen gut kennen um Rat fragen. In Obst- und Gartenbauvereinen gibt es Mitglieder, die sich über solche Fragen Gedanken machen. Bei größeren Projekten kann man sich auch an die amtlichen Berater beim Landratsamt oder der Stadtverwaltung wenden. Sie geben gerne Auskunft.
Es kann vorkommen, dass man eine Obstart gleich vergessen kann: Birnen, Pfirsiche, Aprikosen und Mirabellen sind meistens wärmebedürftig, einige Apfel- und Zwetschgensorten ebenfalls. Steinobst braucht einhundert Prozent Sonnenschein!
Wenn man hier einen groben Fehler macht, bleiben alle weiteren Anstrengungen erfolglos. Auch wenn der Baum einen gesunden Eindruck macht, wird die Qualität der Früchte nicht befriedigend sein.
Über das Mikroklima auf dem Grundstück weiß man oftmals nur wenig, aber man kann bewusst beobachten. Das ist der erste und wichtigste Schritt überhaupt, sowohl für das Gespür des Obstbauern als auch für das Gedeihen der später gepflanzten Bäume. Vorhandene Pflanzen und physikalische Vorgänge können dazu genutzt werden.

Aus Beobachtungen kann man folgende Schlüsse ziehen:
– auf warmen Standorten schmilzt der Schnee zuerst,
– auf trockenem, durchlässigem Boden ist das Gras (Rasen) oftmals im Sommer schütter oder gelb-braun gefärbt,
– feuchte und schattige Standorte sind dicht mit Moos überwuchert,

- in windigen Lagen trocknen Laub und Gras sehr schnell nach einem Regen,
- in extrem windigen Lagen stehen die Bäume oftmals schief; junge Birken zeigen die Belastung durch den letzten Sturm,
- Wildkräuter sind gute Indikatoren über die Beschaffenheit des Bodens und über die klimatischen Verhältnisse,
- andere Obstbäume und deren Gesundheitszustand sind sichere Indikatoren für Obstsorten und ihre Verträglichkeit zum Standort.

Lösungen und Tricks:
- Windkanäle kann man durch Anlegen von hohen Hecken verschließen oder vorhandene Hecken entfernen,
- trockene, meist sandige Böden kann man mit Mergel- bzw. Tonerde vermischen. Sie binden dann mehr Wasser und Nährstoffe,
- schweren Lehmboden kann man mit grobkörnigem Sand auflockern, wenigstens in dem dafür etwas größer angelegten Pflanzloch oder über der Baumscheibe. Organisches Material im Boden, wie z.B. Torf wirkt nur kurze Zeit auflockernd,
- Wärme liebende Sorten kann man auf die Südseite des Hauses pflanzen,
- schorfanfällige Sorten pflanzt man an luftigen Standorten, damit die Blätter nach dem Regen schneller trocknen,
- früh blühende Sorten pflanzt man an einer kälteren Stelle, wie z.B. auf die Nordseite eines Hauses; hier bekommt die Krone eines Hochstammes noch ausreichend Sonne, aber der Boden heizt sich im Frühjahr nicht so früh auf. Die Bäume blühen dadurch einige Tage später und über einen längeren Zeitraum und demzufolge sind Totalausfälle durch Spätfröste seltener. Apfelbäume kann man auch an einer halbschattigen Stelle pflanzen – sie brauchen aber wenigstens sechs Stunden direktes Sonnenlicht am Tag,
- durch gute Pflege und fruchtbaren Boden können die Obstbäume gelegentliche Stresssituationen durch Hitze, Dürre und Fröste gut überstehen.

Bevor man eine Sortenliste zur Auswahl der Lieblingssorten hinzuzieht, sollte man sich über die Verwertung des Obstes im Klaren sein:

Der 'Gelbe Edel' enthält wenig Zucker und ist daher gut geeignet für Diabetiker.

Der 'Himbeerapfel von Holowaus' hat das beste Aroma bei Vollreife Ende Oktober.

Die Sorte 'Jonathan' entfaltet ihr volles Aroma auf warmen Standorten.

Die 'Schattenmorelle' ist beste Verwertungsfrucht, aber sehr moniliaanfällig

Der 'Weiße Klarapfel' ist die ideale Naschsorte, da schon Anfang August mit reifen Früchten.

Die Sorte 'Prinz Albrecht von Preußen' ist sehr produktiv und der Baum besonders frostresistent.

Die Früchte der Sorte 'Boskoop' enthalten sehr viel Zucker. Die reichlich vorhandene Säure schreckt Naschkatzen ab.

Aronia ist mit etwa eineinhalb Metern Höhe die ideale Heckenpflanze und liefert ein sehr gesundes Obst.

Kartoffelrosen geben sehr große Hagebutten und werden so zu idealen Naschhecke für Singvögel.

Wilde Kirschen haben nur eine dünne Schicht Fruchtfleisch, können aber sehr schmackhaft sein.

Die Früchte eines Zufallssämlings haben mehreren Testpersonen gut geschmeckt. Er hat noch keine Sortenbezeichnung, die ersten nachveredelten Bäumchen stehen aber schon unter Beobachtung.

Es gibt gutes Tafel-, Most-, Brenn-, Dörr- und/oder Backobst. Möchte man eine Fruchtfolge über einen längeren Zeitraum? Wenn alle Bäume gleichzeitig abgeerntet werden müssen, kann einem die Lust daran vergehen. Man wird von der Obstmenge überflutet, man kann es eventuell nicht sachgerecht und zweckgebunden lagern oder direkt verwerten und so weiter. Wenn man hauptsächlich an Sichtschutz interessiert ist, wählt man stark wachsende Sorten. Apfel- und Birnbäume können beeindruckende Größen erreichen, man muss nur ein paar Jahre Geduld haben.

'Boskoop' ist z.B. eine Supermarktsorte, die für den Hobbygärtner tragbar ist! Die Früchte der Apfelsorte 'Jonagold' (Kreuzung aus 'Jonathan' und 'Golden Delicious') sind bei den Verbrauchern zurzeit sehr beliebt. Der Baum ist jedoch sehr anspruchsvoll an Klima und Standort und extrem anfällig für Krankheiten. Im Erwerbsobstbau beschäftigen sich damit Fachleute, die ihren Standort bestens kennen und auf Laboruntersuchungen zurückgreifen. Sie können bei geringsten Anzeichen von Krankheit oder Mangel sofort Gegenmaßnahmen ergreifen, indem sie bedarfsgerecht düngen und spritzen. Bei Supermarktsorten muss oft mit synthetischen Mitteln gespritzt und gedüngt werden.

Wollen die Hobbygärtner das Gleiche tun? In den Schrebergärten wird munter nachgeahmt: Die Menge des gesprühten Giftes pro Flächeneinheit ist dort sogar größer als im Erwerbsobstbau!

Die Ahnen der meisten modernen Sorten sind 'Jonathan', 'Golden Delicious' und 'Cox Orange'. Durch Einkreuzen von Wildapfelsorten sind diese Sorten meistens resistent gegen Schorf und Mehltau. Dass sie gegen andere, viel schwerwiegendere Krankheiten (z. B. Krebs und Krangenfäule) anfälliger als traditionelle Sorten sind, wird verschwiegen beziehungsweise die ersten Bäume dieser Sorten sind für Langzeitbeobachtungen noch nicht alt genug. Die Früchte dieser Sorten sind süß, haben aber meistens fast kein Aroma, genauso wie moderne Rosensorten wunderschöne Blüten ohne den geringsten Duft haben.

Es gibt altbekannte und über Jahrhunderte bewährte Sorten, deren Früchte jeden Anspruch erfüllen, ohne dass man mit dem Baum verzweifelt. Wenn man vor einem kranken Baum steht und ihm nicht helfen kann ist man ein armer Schlucker!

„Tradition ist nicht die Anbetung der Asche, sondern die Weitergabe des Feuers" hat ein kluger Mann gesagt. In diesem Sinne überlasse ich die Supermarktsorten gerne den Erwerbsobstbauern und kümmere mich lieber um die Sorten unserer Großeltern. So bescheiden waren die Menschen früher gar nicht. Es gibt Sorten aus der Feinschmeckerzeit vergangener Epochen und sehr gute Sortenbeschreibungen aus dem 19. Jahrhundert.

Die Bezeichnungen vieler Sorten wie z.B. 'Königlicher Kurzstiel', 'Leipziger Reinette' und 'Kaiser Wilhelm' geben Hinweise auf den Stellenwert des Obstes und über den gesellschaftlichen Rang der ersten Verbraucher. Man darf ruhig annehmen, dass die Geschmackssinne der damaligen Experten ein wenig verwöhnt waren, weiß man doch, dass viele traditionelle Sorten in Klostergärten und fürstlichen Gartenanlagen entdeckt oder ausselektiert wurden. Warum sollen die Früchte dieser Sorten heute nicht mehr gut sein?

Das äußerliche Erscheinungsbild der einzelnen Früchte ist bestimmt nicht entscheidend. Das Supermarktobst sieht zwar sehr gut aus, aber ich lasse es liegen, solange ich eine Alternative habe.

Wenn von Natur- und Umweltschutz gesprochen wird, so wird die Vielfalt gepriesen. Wenn es aber ums große Geschäft geht, ist Einfalt angesagt: Standardobst aus dem Erwerbsobstbau.

Bei Obstgehölzsammelbestellungen durch den Obst- und Gartenbauverein empfehle ich den Interessenten meistens spät blühende, robuste und anspruchslose Befruchtersorten. Es gibt Sorten deren Obst man zum Zeitpunkt der Ernte in der Küche oder zur Saftherstellung direkt verwerten und nach einigen Wochen Lagerung als hervorragendes Tafelobst genießen kann. Wenn dann noch Zuckersäureverhältnis und Lagerfähigkeit zufriedenstellend sind, und der Baum anspruchslos und robust ist, hat man einen Volltreffer gelandet.

Die Sorte 'Weißer Matapfel' z.B. vereint wunderbare Merkmale:
- spät blühende Befruchtersorte,
- robust gegen Krebs, Schorf und Mehltau,
- anspruchslos an Standort und Klima,
- Baum langlebig und stark wachsend,
- früher und regelmäßig hoher Ertrag,
- Tafel- Saft- und Mostapfel,
- gutes Aroma, süßsäuerlich.

Bei der Nennung der Sorten 'Prinz Albrecht von Preußen', 'Roter Bellefleur', 'Edelborsdorfer' und 'Korbiniansapfel' (um nur einige aufzuzählen), sollte man aus Hochachtung vor der Natur und den Züchtern/Entdeckern stramm stehen! Gleiches gilt auch für viele Sorten anderer Obstarten.

'Weißer Winterkalvill', 'Jonagold' und 'Cox Orange' sind nichts für Anfänger! Auf nassem, schwerem und verdichtetem Boden bekommen fast alle Sorten Krebs. Auf warmem Standort und trockenem Boden ist mit Mehltau und Fruchtfall zu rechnen. Manche Sorten brauchen einen windgeschützten Standort, wie z.B. ´Goldrenette von Blenheim´. Wenn ein frisch gepflanztes Bäumchen bei minimaler Pflege über mehrere Jahre nicht lebensfroh wächst, dann ist im Wurzelbereich etwas nicht in Ordnung oder es steht auf einem falschen Standort.

Ich wurde schon oft belächelt, weil ich junge Bäumchen von Lehm- auf Sandboden oder umgekehrt umgepflanzt habe. Man unterstellte mir Unentschlossenheit, meistens aber von Personen, die sich über diese Problematik überhaupt keine Gedanken machen. Wenn man den neu erworbenen Standort falsch eingeschätzt hat – vielleicht war auch nur der Zeitraum der Beobachtungen zu kurz oder die Wurzelunterlage des gekauften Bäumchens war unbekannt – dann greift man besser zu kurzen und schmerzlosen Korrekturmaßnahmen.

Bei früh blühenden Sorten muss man mit Verlusten durch Spätfröste rechnen. Bei spät blühenden und daher spät austreibenden Sorten haben die Spannerraupen schon oftmals die gerade aufgebrochenen Knospen abgefressen, ohne dem Baum die Chance einer Blattbildung zu gewähren. Spät blühende Sorten könnten außerdem anfällig für Feuerbrand sein, da sie bei höheren Temperaturen und gleichzeitig hoher Luftfeuchtigkeit blühen und somit den Erregern optimale Bedingungen bieten.

Wärmeliebende Sorten liefern Obst von schlechter Qualität (schmeckt grasig) wenn sie auf einem kalten Standort stehen. Andererseits gibt es Aromaverluste bei Sorten die raues Klima bevorzugen, aber auf einem warmen Standort stehen.

Der Misserfolg ist vorprogrammiert wenn z. B. die Sorten 'Danziger Kant' und 'Antonovka' auf warmem Standort beziehungsweise die Sorten 'Brettacher Sämling', 'Jonathan' und 'Weißer Winterkalvill' auf kaltem Standort stehen.

Wie überall gibt es auch hier kein Patentrezept für den garantierten Erfolg. Man sollte sich aber ein wenig orientieren. Die Krankheitsanfälligkeit des Baumes hängt wesentlich vom Ernährungszustand und von der Verträglichkeit zum Standort ab. Es gibt Experten, die der Meinung sind, dass der 'Große Rheinische Bohnapfel' nur ein besserer Holzapfel sei. Aber wo ist die Grenze zum Holzapfel? Selbst den Holzapfel kann man in der Küche und in der Brennerei verwerten.

„Alles Geschmackssache" hat der Affe gesagt, nachdem er in die Seife gebissen hatte: Manche Menschen bevorzugen ein zartes Aroma, andere wiederum ein sehr intensives.

Manche Konsumenten wollen Äpfel mit Muskat-, Zimt-, Nuss-, Himbeeren- oder Bananengeschmack, andere aber Äpfel mit Apfelgeschmack! Zusätzlich soll das Obst süß, sauer oder süß-säuerlich sein, danach kommen Fragen zur Festigkeit des Fruchtfleisches und zum Saftgehalt. Wir kennen etwa tausend Apfelsorten in Deutschland, denn jede Sorte hat ihre Vorzüge und dadurch ihre Liebhaber gefunden. Weltweit sind etwa zwanzigtausend Apfelsorten bekannt. Die sortentypische Aromabildung ist aber auch von der Ernährung des Baumes und der Lage abhängig!

Die Weinexperten veranstalten ein Riesentheater mit den Standortbedingungen der Weinberge und dem Jahrgang der Weinlese. Zur Beschreibung der Weine haben sie sich schöne Worte und blumige Formulierungen ausgedacht. Den Erzeugnissen aus Obst und dem

Aroma der Früchte könnte man genauso viel Beachtung schenken, es interessiert bloß keinen Menschen. Von Natur aus kleinfruchtiges Obst ist aromatischer als großfruchtiges. Das kräftigste Aroma bilden spät reifende Sorten, deren Früchte im Herbst großen Temperaturschwankungen ausgesetzt sind.

Lokalsorten können wunderbare Merkmale haben, sie sind aber nicht so bekannt. Wenn man auf dem eigenen Standort oder in der unmittelbaren Nähe einen sehr alten und relativ gesunden Baum (Schäden durch Vernachlässigung müssen ignoriert werden) mit wohlschmeckendem Obst vorfindet, sollte man sich über die Sortenbezeichnung überhaupt keine Gedanken machen. Es gibt Baumschulen, welche die Edelreiser der Kunden auf die gewünschte Unterlage (Halb- Hochstamm oder Busch) veredeln. Dadurch kann man die Sorte nachziehen, wobei man davon ausgehen kann, dass ihre Anpassung an den Standort optimal ist.

Ich habe mich hier hauptsächlich auf Apfelsorten bezogen, da der Apfelbaum der zuverlässigste Obstlieferant in unserem westeuropäischen Klima ist und kein Obst so vielseitig verwertbar ist wie die Apfelfrucht.

Die Befruchtung

Ohne Befruchtung gibt es kein Obst! Einige Obstarten und viele Sorten sind nicht selbstbefruchtend. Das heißt, dass ein auf weiter Flur einzeln stehender Baum so viel blühen kann wie er will, Früchte wird er deswegen niemals tragen. Seine Blüten sind auf den Pollen einer anderen Sorte angewiesen. Der Blütenpollen muss von bestäubenden Insekten von einem gleichzeitig blühenden Baum einer anderen Sorte gebracht werden. Grundsätzlich fliegen die Insekten nur so weit, wie sie für ihre Nahrungsaufnahme brauchen. Hummeln fliegen weiter als Bienen und auch bei kühlerem Wetter. Das ist aber noch nicht schwierig genug, es gibt auch sogenannte Muttersorten, deren Blütenpollen nicht befruchtungsfähig sind. Sie haben einen dreifachen Chromosomensatz und man nennt sie deswegen triploid. Sauerkirschen, Mirabellen, Johannisbeeren, Pfirsiche und einige Zwetschgensorten sind selbstbefruchtend.

Auf Selbstbefruchtung möchte ich mich nicht verlassen, der Ertrag ist in jedem Fall geringer. Um eine optimale Befruchtung zu gewährleisten, sollte man Bäume verschiedener Sorten anpflanzen. Es gibt lange Listen und Tabellen mit geeigneten Befruchtersorten, wobei die Befruchtungseigenschaften vieler Sorten (noch) gar nicht erforscht sind. Diese Mühe tut sich heutzutage auch niemand mehr an. Wenn man nur einen kleinen Garten hat, kann man sich in dieser Hinsicht an vorhandenen Sorten in den Gärten der Nachbarn orientieren bzw. sich bei Pflanzaktionen mit den Nachbarn absprechen.
Eine breite Mischung der Sorten ist als Idealfall zu betrachten.

Baumformen und Erträge

Bis zur ersten nennenswerten Ernte muss man lange warten. „Wenn du einen schönen Apfel hast, wollen alle reinbeißen" sagt eine serbische Volksweisheit. Darum sollte man auf Streuobstwiesen hauptsächlich Most- und Lagerobstsorten anpflanzen. Sorten, deren Früchte man direkt vom Baum essen kann, wirken sehr verlockend und sollten daher ihren Platz im Hausgarten haben.

Trotz gelegentlichem Befall mit Schorf kann man schmackhaftes Bio-Obst ernten. Hier die Apfelsorte 'Topaz'.

Spaziergang in blühender Landschaft.

Im Prinzip gilt bei gleichen Bedingungen die Formel:
- je kürzer der Stamm – desto größer die Krone,
- je kürzer die Saftwege – desto größer die Früchte!

Obstbäume werden aus zwei Gründen veredelt:
- Die Unterlage bestimmt die Größe des Baumes als Folge ihrer Wuchskraft. Sie sollte zusätzlich noch robust gegen bestimmte Krankheiten (z.B. durch Erreger im Erdreich) sein.
- Die Erhaltung der Edelsorte, da Sämlinge genetisch nicht identisch mit der Muttersorte sind.

Man sagt zwar: „Der Apfel fällt nicht weit vom Stamm", das ist aber nur für die Erdanziehung zutreffend. Genetisch kann Frucht und Sämling daraus nur bei Selbstbefruchtung (also nicht bei Apfel und Birne) identisch sein.

Buschbäume (Stammhöhe 40 bis 60 Zentimeter) kommen sehr schnell in diese Ertragsphase, etwa im zweiten bis dritten Vegetationsjahr. Bei kräftigen Apfelbüschen kann man nach einigen Jahren mit bis zu 125 Kilogramm Äpfel pro Baum rechnen. Das habe ich mit eigenen Augen bei einem Busch der Sorte 'Prinz Albrecht von Preußen' gesehen! Andere Massenträger, wie z.B. 'Jonathan' und 'Brettacher'-Sämling könnten auch Fruchtmengen in beachtlicher Größenordnung hervorbringen. Das kann man aber nicht Jahr für Jahr erwarten.

Wenn die Buschbäume am schönsten sind und man sie schätzen gelernt hat, so etwa nach 15 bis 20 Jahren, beginnen sie zu kränkeln und sterben langsam an Altersschwäche. Der Grund hierfür liegt in der Kurzlebigkeit der kleinwüchsigen Wurzelunterlage.

Im Grunde genommen ist ein Buschbaum aber ein Stück vergewaltigte Natur: Eine unterernährte Edelsorte steht auf einer überforderten Unterlage! Buschbäume sind sehr anspruchsvoll an Standort und Boden (Bodenfeuchtigkeit plus Nährstoffe).

Halbstämme (Stammhöhe 100 bis 140 Zentimeter) können sortenbedingt im zweiten Vegetationsjahr die ersten Früchte tragen; man sollte sie aber entfernen oder nur ganz wenige Früchte daran lassen, denn das Wachstum des Baumes würde darunter leiden. Optimal ge-

pflegte Halbstämme auf Sämlingsunterlagen bilden riesige Kronen und man kann unvorstellbar hohe Erträge erwarten:
Bei Apfelbäumen wird von 500 Kilogramm und bei Zwetschgenbäumen von 200 Kilogramm Obst berichtet. Wer genug Platz hat – nach dem Motto: „Hast Du einen Raum, so pflanze einen Baum" – sollte sich für diese Baumform entscheiden! Halbstämme auf Sämlingsunterlage sind langlebig, ertragreich, pflegeleicht und erntebequem sowie standfest bei Wind und Sturm.
Hochstämme (Stammhöhe 180 bis 200 Zentimeter) bilden kleinere Kronen als Halbstämme und machen nur Sinn, wenn man sich darunter aufhalten möchte, große Arbeitsmaschinen einsetzen kann oder wenn die Fläche zusätzlich als Weideland für kleinere Tiere genutzt wird. Kühe und Pferde vernichten jeden Obstbestand durch Verdichten des Bodens, Scheuern am Stamm und durch Fraßschäden. Pflege und Ernte der Hochstämme sind schwierig und sie sind nicht so sturmfest wie Halbstämme. Sie sind langlebig, aber die Erträge sind etwas geringer.

Obstverwertung und Lagerung

Jedem juckt es in den Fingern, wenn er an einem Obstbaum mit reifen Früchten vorbeigeht.
Kein Lebensmittel ist so bekömmlich wie Obst! Man kann aber nicht jede Frucht direkt vom Baum essen. Äpfel und Birnen müssen manchmal lange Zeit gelagert werden, um überhaupt genießbar zu sein. Das hat auch Vorteile, kann man doch so über einen längeren Zeitraum darauf zurückgreifen.
Bei Kernobst unterscheidet man zwischen Pflückreife und Genussreife. Die Pflückreife hat eine Frucht dann erreicht, wenn sich die Stärke komplett in Zucker umgewandelt hat. Sie enthält nun sehr viel Fruchtzucker, schmeckt aber trotzdem noch sauer.
Zu diesem Zeitpunkt sollte sie aber geerntet werden, da sie bei Überreife nicht lange haltbar ist. Im Hobbybereich ist die Feststellung der Pflückreife eine schwierige Angelegenheit.
Im Supererntejahr 2011 habe ich beobachtet, wie Anfang Oktober die Meisen meine 'Jonathan'-Äpfel angepickt haben, trotz aufge-

hängter CDs in der Krone. Nach meiner Einschätzung war damals die Pflückreife noch nicht erreicht. Erbost über die Unverschämtheit der Vögel, habe ich prompt die schönsten Früchte abgeerntet und gelagert. Gerade dieses Obst war am längsten haltbar! Die Moral von der Geschichte: Wenn die Singvögel am Obst Gefallen finden, ist der richtige Zeitpunkt für die Ernte gekommen. Somit kann man die „Räuber" als Reifeprüfer einsetzten.

Da lacht das Herz des Obstbauers – Äpfel kurz vor dem Keltern.

Erst wenn sich ein Teil der Säure abgebaut hat, erreicht die Frucht die für den Menschen sogenannte Genussreife.

Aus den (nord)östlichen Regionen Europas stammen meistens Sorten, deren Obst man direkt vom Baum essen kann, so z.B. 'Charlamovsky' und der 'Weiße Klarapfel'. Das liegt hauptsächlich an der kurzen Vegetationsperiode durch die klimatischen Bedingungen.

Den Haltbarkeitsrekord halten die Früchte der Apfelsorte 'Roter Eiser' mit 20 Monaten in einfachen Bodenmieten. Man kann den Reifeprozess beschleunigen, indem man unreifes Obst ein paar Tage in einen hellen und warmen Raum stellt. Ich denke da an die vertraute Obstschale im Speisezimmer oder in der Küche.

Man kann fast jede Frucht direkt vom Baum essen, wenn sie überreif geworden ist. Meistens fällt sie dann von selbst ab. Über die Verwertungsmöglichkeiten in der Küche gibt es viele Rezeptbücher.

Wenn man Obst im Überfluss hat, kann man einen Teil davon zu Obstsaft pressen lassen. Die frische Säure, direkt nach der Abfüllung, prickelt auf der Zunge und stellt jedes andere Getränk in den Schatten! Schade, dass sie sich danach relativ schnell abbaut. Obst- und Gartenbauvereine nehmen das Obst (meistens Äpfel) gerne an und bieten dafür, gegen eine geringe Gebühr, den direkt gepressten Saft ohne Konservierungsstoffe. Er hält sich im kühlen Keller bestimmt bis zur nächsten Saison.

Fruchtsäfte aus dem Handel werden größtenteils aus Konzentrat hergestellt. Das Konzentrat wird in großen Mengen importiert. Womit und in welcher Dosis ist das Obst dort gespritzt und gedüngt worden? Da beschaffe ich mir lieber den direkt gepressten Obstsaft vom nächstbesten Obst- und Gartenbauverein. Die Herkunft der verwerteten Äpfel ist gut bekannt: Sie kommen hauptsächlich von den ungedüngten Streuobstwiesen.

Apfelwein wird auch gerne getrunken. Er soll sehr gesund sein. Zwetschgen und das Obst einiger Kernobstsorten kann man sehr leicht trocknen. Jede Frucht ist zum Schnapsbrennen viel zu schade! Roh essen sollte die wichtigste Art der Verwertung sein.

Die Früchte vieler Wintersorten kann man für die Dauer von einigen Wochen in einer durchlöcherten Kunststofftüte aufbewahren. Grundsätzlich sollte man das Obst in einem dunklen, kühlen und feuchten Raum aufbewahren. Wer hat noch einen Gewölbekeller mit Lehmboden? Das Obst sollte keine Druckstellen haben oder gar verletzt sein. Man muss den Bestand regelmäßig kontrollieren und angefaulte Früchte aussortieren. Der Reifezustand ist durch austretendes Äthylen ansteckend. Also: niemals reifes und unreifes Obst im selben Raum lagern! Bekannte haben mir über Erfolge mit gelagertem Obst in Gartenhäusern, auf schattigen Terrassen und in Garagen berichtet. Frost schadet nicht. Die nächste kaputte Kühltruhe wird von mir zum Lagerschrank für Obst umgebaut! Ich beabsichtige die Temperatur darin mit Kühlakkus so weit wie möglich zu regulieren. Für Lüftung muss auch gesorgt werden.

Obstbäume pflanzen

Zeitpunkt
Der beste Zeitpunkt für die Pflanzung der Obstbäume ist der Spätherbst. In jedem Falle sollte das Bäumchen vorher seine Blätter selbst abgeworfen haben.
Wenn man ein Bäumchen im eigenen Garten verpflanzen will und es seine Blätter länger behält als einem lieb ist (in den letzten Jahren haben viele Bäume ihr Laub bis in den Dezember behalten!), schneidet man etwa Mitte November alle Blätter ab. Das Verpflanzen mit Blättern an den Zweigen würde einen enormen Wasserverlust durch Verdunstung bedeuten. Die Blätter nicht abreißen! Wenn man das bei noch festen und im vollen Saftfluss befindlichen Blättern tut, fügt man dem Bäumchen viele kleine Wunden zu. Ohne Saftfluss kann das Bäumchen diese Wunden nur sehr langsam verschließen. Dadurch wäre das Eindringen von Krankheitserregern leicht möglich. Die vertrockneten Blattstielstummel kann man später entfernen, eine Beschädigung der Knospen in den Stielachseln sollte dabei unbedingt vermieden werden.
Das Pflanzen im Spätherbst bietet den Vorteil, dass die Wurzeln bis zum Frühjahr einigermaßen anwachsen können. Wenn man im Frühjahr ein Bäumchen kauft und pflanzt, weiß man nie, wie es den letzten Winter durch den Transport von einer Baumschule zur anderen und bis zum Endkäufer verbracht hat. Frost- und Vertrocknungsstress könnten dem Bäumchen über Winter zugesetzt haben.
Bei gefrorenem Boden sollte man nicht pflanzen!

Abstand zur Grundstücksgrenze
Bevor man sich um irgendwelche Paragraphen kümmert, sollte man sich wegen der Höhe und Breite der zu erwartenden Baumkrone Gedanken machen. Der Abstand sollte so gewählt werden, dass man

den Baum immer ohne Betreten des Nachbargrundstückes pflegen (z. B. Gehölzschnitt und Spritzen) und beernten kann.
Beim Sprühen sollte man die Windrichtung beachten, da der Nachbar mit der Maßnahme, aus Unkenntnis selbst beim Einsatz biologischer Mittel, nicht ganz einverstanden sein könnte.
Es ist auch schon vorgekommen, dass durch solch eine Aktion Schäden auf dem Nachbargrundstück (Dillpflänzchen mit Brennnesselsud versengt) entstanden sind. Wenn man bereits einen Baum nahe der Grundstücksgrenze stehen hat, kann man den Nachbarn durch die Abgabe einiger Früchte gütig stimmen.

Pflanzloch

Das Pflanzen von Obstbäumen kann im Spätherbst zur Schlammschlacht werden. Deshalb kann man das Pflanzloch schon vorher ausheben. Es sollte letztendlich mindestens zweimal so groß wie das Volumen der Wurzeln des Bäumchens und ausreichend tief sein.
Wenn die Erde ausgesprochen sandig ist, sollte man Lehm oder Tonerde einarbeiten. Dadurch wird später mehr Feuchtigkeit gebunden. Umgekehrt, wenn die Erde lehmig ist, kann man sie mit Sand auflockern. Große Steine und vorgefundene Wurzeln sollte man entfernen. Dicke Wurzeln großräumig, auch über das Pflanzloch hinaus entfernen oder gleich einen anderen Platz für das Bäumchen suchen.
Wenn vorher an selber Stelle ein Baum gestanden hat, sollte man nicht Kernobst nach Kernobst (z.B. Apfelbaum nach Apfel- oder Birnbaum) nachpflanzen. Gleiches gilt natürlich auch für Steinobst. Warum das so ist, weiß man noch nicht genau. Es wird vermutet, dass es sich um Strahlenpilze (Actinomyceten) handelt, die die Wurzelrinde durchdringen und das Holz angreifen. Somit ist die Nahrungsaufnahme mangelhaft und der Baum leidet. Die Strahlenpilze sind auf Kernobst bzw. Steinobst spezialisiert. Im Boden findet ein regelrechter Wettlauf zwischen den Wurzelspitzen und der Ausbreitung der Strahlenpilze statt, sodass ein ausgewachsener Baum keinen Schaden nimmt. Wenn danach aber ein junges Bäumchen in befallenes Erdreich gepflanzt wird, hat es keine Chance richtig zu gedeihen.

Ein typisches Zeichen für Bodenmüdigkeit ist Rosettenwuchs: Alle Knospen bilden einen Kranz aus Blättern aber keinen neuen Trieb. Es werden auch säurehaltige Abscheidungen durch die Wurzeln des vorherigen Baumes als Ursache der Misere vermutet. Die Wartezeit für Neupflanzungen wird auf mehr als 30 Jahre geschätzt.
Rosettenwuchs kann man auch bei neu gepflanzten Bäumchen beobachten, wenn sie eine (zu) schwache Wurzel haben. Die Blätter zeigen dabei aber keine Mangelerscheinungen.

Dünger im Pflanzloch

Es wird manchmal in Broschüren und Faltblättern empfohlen, (Stall-)-Dünger, Kompost(erde) oder anderes organisches Material in das Pflanzloch einzuarbeiten. Tun Sie das bitte nicht, weil das organische Material unter Luftabschluss fault! Durch die Fäulnis könnte die Wurzel von Krankheitserregern angegriffen werden. Auch wenn sie dagegen ausreichend widerstandsfähig ist, verwirbeln sich die Wurzeltriebe in dem fauligen und lockeren Bereich und dringen nicht sternförmig in das feste Erdreich vor. Man nennt das Blumentopfeffekt. Die Krone des Bäumchens könnte sich in der Anfangsphase, zur Freude des Gärtners, hervorragend entwickeln aber die Wurzeln bekommen keine feste Verbindung zum Erdreich und die solide Verankerung bleibt aus. Die spätere Nährstoffversorgung des Baumes wäre auch gefährdet, denn irgendwann ist das faulige Medium ausgelaugt und dann ist die Katastrophe vorprogrammiert: Mangelerscheinungen, Krankheiten, mechanische Instabilität und eventuell der Abgang sind mögliche Folgen.

Die Fäuliseffekte entfallen bei der Beimischung von mineralischem Dünger. Wenn aber die Erde im Pflanzloch leicht überdüngt ist und im Sommer austrocknet (große Hitze, Gärtner im Urlaub, usw.) kann es zur Beschädigung der Wurzeln kommen und das Bäumchen könnte absterben.

Es ist in jedem Falle besser, wenn die Nährstoffe vom Wasser in das Erdreich geschwemmt werden. Bei Trockenheit bleibt der Dünger an der Oberfläche liegen und wartet auf den nächsten Regen- oder Wasserguss. Eine Überdüngung ist so unwahrscheinlicher.

Lagerung des Pflanzgutes und Vorbereitung der Wurzel

Wenn man keine Zeit für ein sofortiges Pflanzen hat, oder das Wetter nicht geeignet ist, kann man die Wurzel in die Erde einschlagen. In einem Kübel mit Wasser sollte man sie nur sehr kurze Zeit aufbewahren, weil sie faulen könnte. Man muss in jedem Falle sicherstellen, dass die Wurzeln nicht vertrocknen oder unter Frost leiden. Das Pflanzgut sollte nicht warm gelagert werden, da es in seiner Saftruhe gestört wird!

Der Pflanzvorgang beginnt mit der Behandlung der Wurzeln. Dabei kann man sie durch Abspülen oder Eintauchen in Wasser von Erde reinigen. Danach sollte man die zerfransten Wurzelspitzen, quer zur Längsachse, ganz wenig einkürzen. Wenn man hier totes Holz vorfindet – man kann es an der dunkelbraunen Farbe erkennen – und man die befallene Wurzel nicht bis in das gesunde Holz zurückschneiden kann, sollte man das Bäumchen zurückgeben. Gleiches gilt beim Vorfinden von nicht entfernbaren Verdickungen. Die Schnittfläche muss unbedingt gleichmäßig hell aussehen.

Mit der Fingerspitze kann man vor dem Schnitt schonend den Grad der Festigkeit bei jeder einzelnen Wurzel überprüfen. Verletzte oder angebrochene Wurzelstücke sollte man kompromisslos entfernen indem man bis in das feste Holz zurückschneidet. Die offenen Schnittwunden sollte man nicht mit den fettigen Fingern berühren!

Manchmal sind die Wurzeln in der Baumschule in eine lehmige Paste eingetaucht worden. Dadurch wird sichergestellt, dass sie während der Lagerung im Einschlag und beim Transport bis zum Endkunden nicht vertrocknen. Man kann nun annehmen, dass sie in der Baumschule zurechtgeschnitten worden sind, im Zweifelsfall beim Kauf danach fragen.

Wenn die Wurzeln vorwiegend aus fingerdicken Trieben bestehen, kann man davon ausgehen, dass der Austrieb in der nächsten Vegetationsperiode bescheiden sein wird. Diese Wurzeln müssen zuerst Feinwurzeln zur Nahrungsaufnahme bilden. Wenn Feinwurzeln in ausreichender Zahl vorhanden sind, führt das zu einer besseren Nahrungsaufnahme und der Austrieb wird im ersten Vegetationsjahr kräftiger ausfallen.

Containerpflanzen

Sie bieten den Vorteil, dass man zu jeder Jahreszeit pflanzen kann. Bei der Lagerung über mehrere Tage sollte man darauf achten, dass das Wurzelgefäß nicht in der Sonne steht beziehungsweise strengem Frost ausgesetzt ist. Die Wurzeln könnten durch Vertrocknen beziehungsweise Erfrieren zu Schaden kommen. Beim Entfernen des Topfes (manchmal ist es auch eine Folie) kann man in vielen Fällen die Folgen des Blumentopfeffektes leicht erkennen. Die Wurzeln sind darin spiralförmig gedreht, weil sie sich in dem kleinen Gefäß nicht sternförmig ausbreiten konnten.

Wenn diese Wurzeln nach Jahren armdick werden (das sollen sie ja auch), fehlt ihnen für die Spirale aus dicken Ästen der Raum und der Baum bleibt im Wachstum stehen, bekommt keinen festen Halt im Boden oder vertrocknet. Er hat somit keine Zukunft.

Das Wurzelgeflecht sollte man daher mit einem scharfen Messer seitlich an drei bis vier Stellen etwa einen Zentimeter tief durchtrennen (das bewirkt einen Neuaustrieb der Wurzeln nach außen) oder mit

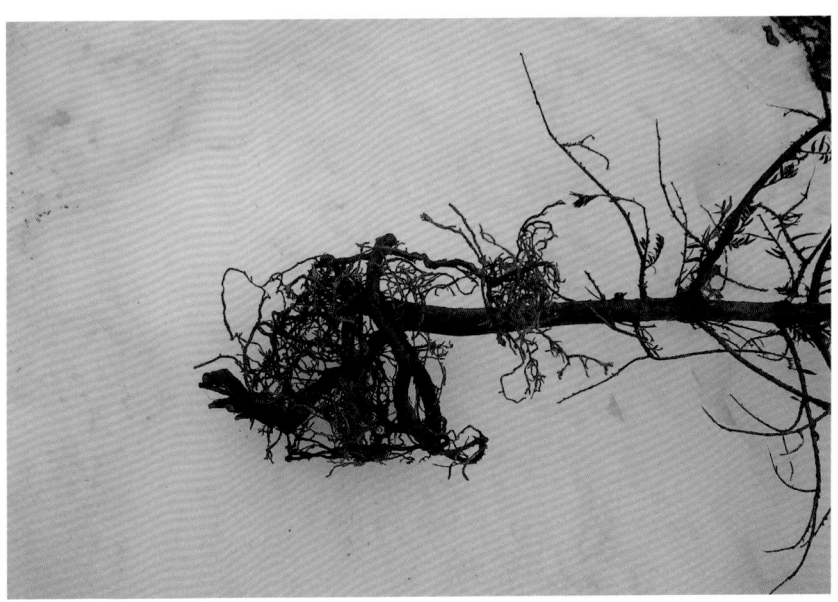

So sieht eine Wurzel aus, die zu lange im Topf war. Sie hat schon einen Ausweg aus der Enge gesucht.

Diese Wurzel ist aus dem Topf ausgebrochen, der Baum ist aber „sitzen" geblieben.

Verletzungen der Wurzelspitzen sind durch das Ausgraben vorprogrammiert.

Der Pflanzschnitt beginnt mit dem Rückschnitt der verletzten Wurzelspitzen.

einem spitzen Gegenstand aufreißen, wenn das Material noch nicht stark verholzt ist.
Die Besitzer solcher Spiralwurzelbäume sagen nach Jahren: „Wir haben es versucht, aber es ist nichts daraus geworden". Nach einer Enttäuschung kann man sie nur sehr schwer für Neupflanzungen begeistern.
Wenn man die Containerbäumchen genau betrachtet – im Gartencenter ist das ungestört möglich – merkt man, dass oftmals Bäumchen mit gut ausgebildeten Kronen, aber mit Wurzeln in relativ kleinen Kunststoffgefäßen angeboten werden. Hier sollte man vorsichtig sein, weil das Ungleichgewicht zwischen Krone und Wurzeln fatale Folgen haben könnte. Man muss auch bedenken, dass sich die Wurzeln in professionell gemischter Erde entwickelt haben und dass regelmäßig gewässert wurde. Wenn solch ein Bäumchen in die Erde geschmissen und danach sich selbst überlassen wird, ist das baldige Ende abzusehen. Ansonsten gelten alle Regeln wie bei der Pflanzung wurzelnackter Bäumchen.

Die Festigkeit der Wurzel kann man mit den Fingerspitzen prüfen.

Ich bevorzuge wurzelnacktes Pflanzgut, da das Risiko einer gedrehten Wurzel entfällt und ich die nackten Wurzeln vor der Pflanzung selbst begutachten kann. Für die langfristige Entwicklung des Baumes spielt der Zeitpunkt der Pflanzung sowieso keine Rolle. Ich kann bis zum nächsten November warten!

Pflanzung

Die Erde sollte so in das Pflanzloch eingefüllt werden, dass die Erdschichten so wenig wie möglich durcheinander gemischt werden. Die Erde aus dem unteren Bereich des Pflanzloches sollte wieder ganz unten landen und die ehemalige Oberschicht an der Oberfläche bleiben.
Es reicht aus wenn man zwei getrennte Erdschichten berücksichtigt. Der Grund dafür liegt in der Spezialisierung der Bodenlebewesen. Manche brauchen mehr Luft und vertragen sehr gut Temperaturschwankungen, andere brauchen weniger Sauerstoff, vertragen aber schlechter Trockenheit oder Temperaturschwankungen. Man sollte

somit die Erdschichten wieder an ihren alten Platz bringen, da sie für das Gedeihen des Bäumchens von großer Bedeutung sind.
Das Bäumchen sollte während des Zuschüttens des Pflanzloches leicht gerüttelt und die Erde wurzelschonend festgetreten werden. Über Winter muss man gegebenenfalls Erde nachfüllen, damit die Wurzeln nicht frieren oder vertrocknen.
Der Veredelungsknoten darf keinesfalls so tief positioniert sein, dass er mit Erde zugedeckt werden könnte. Sicherheitshalber kann man einen geraden Stab oder Werkzeugstiel quer über das Pflanzloch legen und sich danach orientieren. Das gilt besonders bei Buschbäumchen. Wenn die veredelte Edelsorte Bodenkontakt bekommt, und eigene Wurzeln schlägt, wird gegebenenfalls aus einem Busch ein Riese, der kaum in seinem Wachstum zu bremsen ist. Außerdem könnte die Rinde der Edelsorte für verschiedene, durch feuchtes Erdreich begünstigte Krankheiten anfällig sein und somit zu Schaden kommen. Manchmal ist der Veredelungsknoten beim Kauf noch nicht zugewachsen. Direkter Bodenkontakt könnte hier fatale Folgen haben.

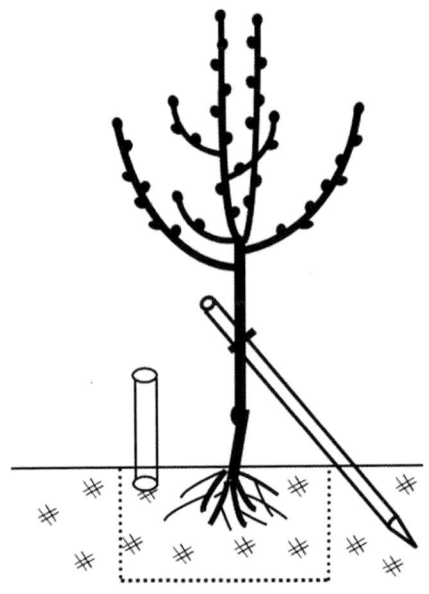

Die Veredelungsstelle (hier mit Band markiert) bzw. der Veredelungsknoten darf keinen Bodenkontakt bekommen. Der Spatenstiel dient zur Orientierung.

Die Wurzeln wachsen sowieso nach unten und sollten nur so tief in den Boden gesetzt werden, wie sie vorher in der Baumschule waren. Das spätere Absacken des lockeren Bodens muss berücksichtigt werden.

Befestigung
Frisch gepflanzte Bäumchen müssen mit einem Stützpfahl stabilisiert werden. Die Befestigung kann so sein, wie in der Skizze dargestellt. Pfahl und Stamm dürfen nicht aneinander reiben. Dazu nimmt man eine Schnur die keine Feuchtigkeit speichert und bindet Stamm und Pfahl in Form einer Acht fest zusammen. Kokosfaser bietet sich hierfür an, sie verwittert aber nach ein paar Jahren und wird manchmal von Elstern für den Nestbau geklaut.
Im folgenden Frühsommer sollte diese Bindung etwas gelockert werden. Sie muss sowieso regelmäßig gelockert werden, damit sie dem Stamm nicht den Saftfluss abschnürt. Mit nur einem Pfahl verhindert diese Methode die Neigung zur Seite und das Rütteln des Stammes durch den Wind. Dadurch können die Wurzeln in der kritischen Anfangszeit gut anwachsen. Außerdem hat diese Methode die Vorteile, dass der eventuell eingesetzte Wurzelkorb nicht beschädigt wird und der später angefaulte Pfahl den Wurzeln nicht zu nahe gelegen ist. Er kann nach ein paar Jahren mit wenig Aufwand und ohne Verletzungsrisiko für die Wurzeln entfernt werden. Man sollte nicht den Pfahl abbrechen und die faule Spitze in der Erde lassen!
Buschbäume müssen immer mechanisch gestützt sein, da sie nur einen kleinen Wurzelballen ausbilden. Hier kann es schnell zu einem Missverhältnis zwischen der Größe der Krone und der Wurzel kommen. Wenn der Busch vom Wind gerüttelt wird, bekommen die Wurzeln keinen festen Halt, die Feinwurzeln können sich nicht optimal entwickeln und ihre Funktion erfüllen. Dadurch ist die Nahrungsaufnahme behindert und folglich ist mit reduziertem Wachstum und schwachen oder verspäteten Erträgen zu rechnen.

Mit nur einem Pflanzpfahl kann der Stamm gegen Wind aus allen Richtungen befestigt werden. Die Bindung muss regelmäßig gelockert werden. Die abgedeckte Baumscheibe dient zur Versorgung mit Kompost und Gesteinsmehl.

Baumscheibe

Darunter versteht man eine scheibenförmige Fläche um den Baumstamm. Sie sollte im Durchmesser wenigstens so groß wie die Krone sein. Buschbäume brauchen diese Baumscheibe immer. Größere Baumformen wie Halb- und Hochstamm brauchen sie etwa zehn Jahre, danach kann man die intensive Pflege der Baumscheibe einstellen. Sie sollte frei von Gras und anderen Pflanzen gehalten werden. Diese würden dem Baum wertvolle Nährstoffe und Feuchtigkeit entziehen. Sie darf nicht umgegraben werden, da man sonst die feinen Wurzeln unterhalb der Oberfläche verletzen würde.

Einmal hacken ist so viel wert wie drei mal gießen! Daher ist es ratsam, die Erde durch flaches Hacken locker zu halten. Ideal ist eine ganzjährige und weiträumige Mulchschicht (siehe aber das Kapitel über Wühlmäuse). Sie hält das Erdreich feucht und gleichmäßig temperiert. Für dauerhafte Nährstoffversorgung ist damit auch gesorgt.

Ein Baum integriert sich perfekt in eine Rasenfläche, wenn man die Baumscheibe einfasst. Man kann auch ein paar Blümchen an den Rand der Baumscheibe pflanzen, muss aber dafür sorgen, dass sie nicht zu Nahrungskonkurrenten werden. Wenn die monotone Rasenfläche von einem Kreis aus blühenden Primeln um eine Baumscheibe und einem weißen Baumstamm unterbrochen wird, entsteht ein sehr schöner Anblick. Stellen Sie sich das Bild mit dem Obstbaum in voller Blüte vor!

Düngen

„Den Hund füttert man von vorne"... sagt der Tierarzt. Den Baum füttert man von oben und dafür braucht man die Baumscheibe. Ge-

Nach mehrmaligem Umschichten sieht die Kompostmasse so aus. Luft kann seitlich eindringen, die Plane verhindert das Austrocknen.

steinsmehl und Kompost werden darüber gestreut und nur flach eingearbeitet. Frisch gepflanzte Bäumchen sollten zurückhaltend, aber regelmäßig gedüngt werden. Wenn sie etwa 60 bis 80 Zentimeter Neutrieb vorweisen, soll man das nur einmal im zeitigen Frühjahr tun. Der Neutrieb ist ein verlässlicher Indikator über die Wuchsfreude des Bäumchens und sollte daher genau beobachtet werden.

Gießen

Beim Zuschütten des Pflanzloches muss man Wasser in das teilweise gefüllte Pflanzloch gießen, auch wenn es regnet! Dadurch wird die Wurzel besser mit Erde in Verbindung gebracht. Im ersten Sommer nach der Verpflanzung ist das Bäumchen besonders anfällig für Mangelerscheinungen. Darum sollte man die Wurzel stetig feucht halten. Das geht sehr gut, wie in der Skizze gezeigt, mit einem Kanalisationsrohr. Ein 50 bis 60 Millimeter dickes und etwa 70 Zentimeter langes Kunststoffrohr wird zehn Zentimeter tief, ohne die Wurzeln der Pflanze zu verletzen, in das Pflanzloch gesteckt und regelmäßig mit Wasser gefüllt. Die Oberfläche der Baumscheibe bleibt trocken und locker, wobei das Wasser direkt zu den Wurzeln gelangt und nicht unnötig an der Oberfläche verdunstet. Nicht übertreiben, da Staunässe für die Wurzeln extrem schädlich ist! Auf Sandboden fülle ich bei lang anhaltender Trockenheit und Hitze das Rohr nur einmal täglich.

Man muss auch bedenken, dass mit jedem Wasserguss Nährstoffe weggeschwemmt werden. Wer mit dieser Methode gute Erfahrungen gemacht hat, wird daran festhalten.

Ab Mitte September sollte man nicht mehr gießen und das Kanalrohr entfernen. Dadurch stellt der Baum das Wachstum seiner Triebe witterungsbedingt ein und kann sich auf die Winterruhe vorbereiten. Im zweiten Sommer muss man nicht mehr so stetig gießen und man braucht das Rohr nicht mehr.

Rindenpflege und Stammschutz

Am Stamm befinden sich oftmals schlecht verheilte Rindenpartien um kurze Zapfenreste. Man sieht ungeschütztes Holz von Seitentrieben, die in der Baumschule weggeschnitten worden sind. Die Rinde um diese kurzen Zapfen ist dunkel braun, angetrocknet und geschrumpft. Um der Stammrinde das Umwallen dieser Wunden zu erleichtern, schneide ich gleich im Herbst die holzigen Zapfenreste und die trockenen Rindenringe mit einem scharfen Messer zurück, aber nur bis in das intakte Rindenmaterial. Der am Stamm sitzende Astring sollte möglichst geschont werden. Danach verschließe ich die Wunden mit

40 Dieser Teil der Rinde wurde frisch gepinselt.

künstlicher Rinde. Vorsicht, die Verletzungsgefahr für die umliegende Rinde und die eigenen Finger ist dabei sehr groß!
Wenn es im Spätwinter nachts kälter als minus fünf Grad Celsius wird und tags darauf die Sonne – besonders bei geschlossener Schneedecke – auf den Stamm scheint, kann es zu gefährlichen Frostrissen kommen. Um ein Aufheizen der Rinde auf der Sonnenseite zu verhindern, sollte man den Stamm mit einem auf Kalk basierenden Bio-Baumanstrich tünchen. Diese Mittel sind aber, selbst im trockenen Zustand, ein wenig wasserlöslich, oder sie blättern von der glatten Rinde ab. Wenn die Rinde den Schutz im Spätwinter braucht, ist er meistens wieder weg. Nachstreichen ist im Winter kaum möglich, weil es entweder zu kalt oder zu nass ist.
Der Anstrich haftet stabiler, wenn man das Streichmittel mit Silikatgrund verdünnt und müsste dann von Oktober/November bis März haltbar sein. Silikatgrund bekommt man im Baumarkt. Bitte keine Silikon-, Acryl- oder andere unbekannte Mittel verwenden. Reine Kalkmilch sollte man auch nicht nehmen, da sie eine ätzende Wirkung auf die Baumrinde hat.
Ich mische mein Anstrichmittel selbst: etwa 40 Prozent Kalk mit 60 Prozent Lehm oder Tonerde (Bentonit), Silikattiefengrund und Wasser. Der Anstrich platzt ganz bestimmt ab – schon durch das bei jungen Bäumen ausgeprägte Dickenwachstum – und muss daher regelmäßig erneuert werden. Seine desinfizierende Wirkung ist alleine Grund genug, um sich darum zu kümmern. Im Sommer ist dieser Schutz gegen übermäßiges Erwärmen der Rinde sinnvoll (Sonnenbrand bei Zwetschgen).
Der Anstrich hat aber auch eine weitere wichtige Funktion: Auf dem hellen Hintergrund sieht man sehr gut die braunen Kotkrümel von eingedrungenen Insektenlarven. Dann kann und muss man sofort eingreifen, indem man die Fraßkanäle vorsichtig öffnet und das eingedrungene Insekt entfernt. Ich reinige die Gänge mit Alkohol, um eventuell vorhandene Lock-/Duftstoffe zu entfernen. Danach wird wieder angestrichen und die Stelle regelmäßig kontrolliert.
Wenn man den Stammschutz versäumt hat oder der Anstrich trotz größter Sorgfalt nicht gehalten hat, kann man bei kritischer Wetter-

Wenn Schafe auf der Wiese gehalten werden, ist ein Mantel aus Streckmetall nicht robust genug.

Tonkinstäbe in Hasendraht „eingefädelt" haben sich als Matte bewährt. Sie hält ein paar Jahre. Die hohlen Rohrenden der Stäbe werden tagsüber von Ohrwürmern genutzt.

Wenn Schafe auf der Wiese gehalten werden, muss ein Korb um den Stamm montiert werden. Über die Baustahlmatte mit dem Gittermaß von 80 mal 80 Millimeter musste zum Schutz der Tiere Maschendraht befestigt werden

Der Korb sollte ein Gittermaß von 40 mal 40 Millimeter haben. Das zweite Rohr verhindert ein Wegdrehen des Korbes. Der Wühlmauskorb wird durch die schräg eingeschlagenen Rohre nicht beschädigt.

lage – Nachtfrost gefolgt von Sonnenschein – den Stamm mit Kartonage umwickeln. Die Kartonage sollte man nach Ende der Frostperiode aber wieder entfernen. Sie speichert Feuchtigkeit beim nächsten Regen oder könnte Mäusen ein Versteck bieten.

Den, rein technisch betrachtet, besten Stammschutz gegen Frostrisse erzielt man mit Rohrmatten, denn sie bieten Schatten, Hinterlüftung und mechanische Stabilität. Man könnte damit aber Mäuse anlocken. Sie verstecken sich gerne hinter den Matten und beschädigen genau das, was man ursprünglich schützen wollte.

Soay-Schafe sind wehrhaft gegen Marder, Fuchs und Raubvögel. Sie brauchen keine Schur und keine Klauenpflege

Das Anbringen einer Drahthose bei jungen Bäumen ist in jedem Falle ratsam. Selbst wo keine Gefahr durch Wildverbiss vermutet wird, sollte man es tun: Es wurde nämlich schon beobachtet, dass Katzen den Stamm von jungen Obstbäumen als Kratzbaum missbrauchen und dabei die zarte Rinde brutal verletzen können.

Wühlmäuse

Wühlmäuse sind das größte Übel im Obstgarten. Besonders Buschbäume sind aufgrund ihres kleinen Wurzelballens nie vor ihnen sicher. Hier ist ein Wurzelkorb aus Kaninchendraht empfehlenswert, wenn er aber aus verzinktem Material ist, sollte er groß genug sein.
Im Allgemeinen hilft bei starkem Befallsdruck durch Wühlmäuse neben einem Wurzelkorb auch das gezielte Weglocken mit Wurzelgemüse oder anderen Wurzelpflanzen (z. B. Topinambur und Löwenzahn), die ihnen besonders gut schmecken. Wenn man einzelne Tiere mit viel Aufwand fängt oder vertreibt, dann ziehen andere zu. Wühlmäuse sind Reviertiere und es ist besser man arrangiert sich mit den Stammgästen.
Die größte Gefahr für die Wurzeln der Obstbäume besteht im Herbst, wenn sie sich einen Speckvorrat für den Winter anfressen. Darum sollte man ab September keine dicke Mulchschicht unter den Bäumen lassen, es sei denn der ganze Garten ist abgedeckt. Im zeitigen Frühjahr ist der frische Rindensaft, wegen des hohen Gehalts an Mineralsalzen, für Nager sehr verlockend.
Wenn die Wühlmäuse zu viel Schaden anrichten, könnte es irgendwann „Schluss mit lustig" sein.
Ich empfehle für diesen Fall eine brutale aber sichere Abwehrmethode: Mehrere Exemplare fangen und die Kadaver in die Gänge legen. Das stinkt gewaltig und man kann die Wühlmausplage für Monate vergessen! Fallen bekommt man im Handel.

Blattläuse

Blattläuse können sehr lästig werden, besonders an frisch verpflanzten Bäumchen. Sie sind ein Indikator für allgemeine Schwäche. Da die Bäumchen durch das Verpflanzen arg geschockt sind, ist die Prä-

Abendstimmung im Vereinsgarten

senz der Läuse in den ersten Vegetationsjahren fast vorprogrammiert. Wenn die ersten Knospen schwellen, werden die Ameisen aktiv und installieren ihre „Melkkühe". Hier sollte man rechtzeitig vorbeugend eingreifen, indem man einen Leimring um den Stamm fixiert.
Dabei muss man sicherstellen, dass die Ameisen keinen Umweg, etwa über den Pflanzpfahl, finden. Nach etwa sechs bis acht Wochen verliert der Leimring seine Wirkung durch darauf klebende Blätter, Fluginsekten, Staub, usw. und die Ameisen überqueren problemlos den ehemaligen Todesstreifen. Deshalb muss der Klebestreifen periodisch erneuert werden.
Es ist sehr unwahrscheinlich, dass man auf dem Klebestreifen tote Ameisen finden wird. Die Tierchen sind klug genug um das Risiko einer Überquerung abzuschätzen. Alle Achtung!
Im Handel bekommt man auch streichfähigen Leim. Durch seine Anwendung wird keine Feuchtigkeit unter dem Papierstreifen gespeichert, man kommt mit dem Pinsel in alle Ritzen und Spalten der Rinde

Bei der Pflanzung von solch einseitigen Kronen sollte die offene Seite nach Süden positioniert werden. Andernfalls muss man lange warten bis auf der Nordseite ein brauchbarer Ast erscheint.

und das Streichen ist bequemer als das Anbringen der klebrigen Papierstreifen.

Wenn man den Leim aber mehrere Jahre an der gleichen Stelle anbringt, wird sich der ringförmige Streifen langsam verdicken und fest eintrocknen. Das führt zu tiefen Rissen. Sie sollten unbedingt vermieden werden. Daher empfehle ich eine von Jahr zu Jahr höhenversetzte Anbringung der Leimschicht. Man kann auch den Stamm (wenn er glatt und gerade ist) mit einem schmalen Papierstreifen spiralförmig umwickeln, an einer Stelle mit dünnem Draht oder Garn festbinden und den Leim darüber streichen. Den Papierstreifen kann man später bei Bedarf entfernen und die ganze Prozedur gegebenenfalls wiederholen. Im Extremfall sollte man zusätzlich die Blattläuse blattschonend zerdrücken und die Krone mit Brennnesselsud besprühen.

Die emsigen Ameisen am Stamm zeigen mir den Befall an, ohne dass ich die Blattläuse in der Krone suchen muss. Sobald am Stamm viel Verkehr ist, nehme ich ihn ins Visier.

Durch die zuvor beschriebenen Maßnahmen ist dem Baum vorerst geholfen, aber man darf nicht vergessen, dass die Blattläuse nur Indikatoren für allgemeine Schwäche sind. Somit sollten/müssten ein paar weitere Pflegemaßnahmen folgen: Baumscheibe lockern, düngen, gießen, mulchen, usw…

Neupflanzungen auf der grünen Wiese

Wenn man auf einer Wiese außerhalb der Ortschaft wurzelnackte Bäumchen pflanzen möchte, so könnte man schrittweise so vorgehen: Die Pflanzlöcher auf der Wiese großräumig ausheben, große Steine und dicke Wurzeln entfernen und den Boden vorbereiten indem man Kompost streut, die Fläche mit organischem Material abdeckt, und im nächsten Jahr ein paar mal tief hackt, wieder abdeckt, usw. – kurzum für lockeren und fruchtbaren Boden sorgt.

Die Bäumchen zuerst in den Hausgarten pflanzen und im folgenden Vegetationsjahr intensiv pflegen. Im folgenden Herbst oder wenn sie gut entwickelt sind (schwächere Exemplare können auch zwei Jahre im Hausgarten bleiben) die Bäumchen sehr vorsichtig ausgraben und erst dann auf die Wiese pflanzen. Das Pflanzloch jetzt aber nur so groß wie nötig ausheben, damit die gewachsenen Erdschichten nicht unnötig durcheinander gemischt werden. Im Zweifelsfall einen Wurzelkorb gegen Wühlmäuse verwenden.

Hierbei sehe ich folgende Vorteile für das erfolgreiche Anwachsen:
- im Hausgarten kann man sich täglich um die Pflege kümmern und die Entwicklung stetig beobachten,
- in den Ortschaften ist meistens der Befallsdruck durch „Schädlinge" aller Art geringer als auf der Wiese und am Waldesrand,
- das Bodenleben auf der Wiese kann sich entwickeln und stabilisieren und gleichzeitig können störende Gräser und Kräuter bequem entfernt werden,
- die Bäumchen kommen mit neu gebildeten Feinwurzeln auf ihren endgültigen Standort und in lockeren Boden.

Das zweimalige Verpflanzen wird sehr gut vertragen, wenn die zarten Wurzelspitzen dabei nicht verletzt werden.

Es ist auch ratsam, vorerst Halbstämme zu kaufen und sich in gewünschter Höhe selbst gut verankerte und ausreichend höhenversetzte Leitäste auszusuchen bzw. zu formen. Wenn man einen Hochstamm mit steil verankerten Leitästen an der Kronenbasis bekommt und diese entfernen muss, wird der Stamm länger als man ursprünglich vor hatte. Mein sperriger Hochstamm der Zwetschgensorte 'Hanita' lässt grüßen und mein kronenveredelter Kirschbaum der Sorte 'Dollenseppler' auch!

Pflanzschnitt

Das Ungleichgewicht zwischen der Krone und der brutal gekürzten Wurzel ist offensichtlich. Daher muss die Krone zurückgeschnitten werden.

Wuchsgesetze

Über Wuchsgesetze wird viel geschrieben. Man kann sie aus dem Kampf ums Licht herleiten. Sie sind leicht verständlich und ich werde sie hier nicht gebetsmühlenartig wiederholen. Am besten versteht man sie, wenn man die Reaktion der Bäume auf Schnittmaßnahmen oder Vernachlässigung beobachtet.

In der Äquatorialzone haben die Bäume meistens eine trichterförmige Krone. Ich glaubte lange Zeit, dass sich die Kronen so entwickeln,. weil große Tiere mit langem Rüssel bzw. langem Hals alle erreichbaren, jungen Triebe abfressen.

Irgendwann hat mich das Berufsleben zu einem kurzen Aufenthalt in Singapur gezwungen. Zu meinem Erstaunen haben dort alle Laubbäume diese Trichterkronen, obwohl es keine Tiere mit langem Hals in den Parkanlagen dieser Stadt gibt. Dort, wo die Bäume dicht stehen, entsteht ein großflächiger und dichter Teppich aus Zweigen. Darunter wächst kein Grashalm! Der Verlauf der Sonne erklärt alles: Da die Sonne das ganze Jahr, zur Mittagszeit, senkrecht auf die Pflanzen scheint, wachsen die Äste bevorzugt in die Breite um so viel Licht wie möglich aufzufangen.

In unseren Breiten verläuft die Sonne nicht so steil, d.h. sie scheint meistens von der Seite auf die Bäume. Somit streben sie in die Höhe weil sie mit anderen Pflanzen (und auch die Äste eines Baumes untereinander) um das Licht konkurrieren.

Blühende Obstbäume müssen keinen Vergleich mit Ziergehölzen scheuen.

Obstgehölze schneiden

Warum schneiden?
Es wird oftmals dagegen argumentiert:
- „Ich lasse den Baum so wachsen wie er mag!"
- „Ich lasse ihn schön dicht werden und schneide erst später".
- „Schneiden bedeutet Schmerzen – das möchte ich meinem Liebling nicht antun".
- „Ich schneide einmal gründlich und lasse den Baum danach jahrelang in Ruhe".

Aus dieser Erkenntnis kann man die Wuchsgesetze ableiten und das Verhalten der Bäume auf verschiedene Schnittmaßnahmen oder Vernachlässigung nachvollziehen:
- vernachlässigte Baumkronen haben oftmals herunter hängende (Leit-)Äste mit viel abgestorbenem- bzw. verquirltem Fruchtholz. Oftmals wachsen Äste kreuz und quer durch die ganze Krone,
- flach verzogene Leitäste produzieren Ständer am laufenden Band. Man kann sie entfernen so oft man möchte, sie kommen immer wieder und der Baum produziert nur Reisig für die Häckselmaschine oder die Grünschnittdeponie,
- die oberste Knospe eines Astes wächst immer steil nach oben. Man kann das auch an einzelnen Trieben beobachten. Die Triebe aus darunter befindlichen Knospen wachsen flach, es sei denn, der Saftdruck ist an dieser Stelle übermäßig hoch. Das kann man an dem (durch die Einhaltung der so genannten Wasserwaage beim Pflanzschnitt) höheren Mitteltrieb direkt beobachten. Daher sollte man am eingekürzten Mitteltrieb zwei bis drei Knospen (handbreit) unterhalb der obersten Knospe ausbrechen. Sie würden steil treiben und nur Schlitzäste produzieren.

Wie weiß der Baum/Trieb überhaupt welches die oberste Knospe ist? Ganz einfach – dort wo kein Saftrückfluss ist. Bei vorhandenem Saftrückfluss werden die Knospen/Triebe hormonal im Wachstum gebremst bzw. flach orientiert. Kenner wissen daher, dass flache Triebe im unteren Bereich der Äste weniger austreiben.

Da sie nicht mehr in den Überlebenskampf eingebunden sind, setzen sie – wenn es dem Baum und ihnen gut geht – Fruchtknospen an und produzieren unseren Lohn: Obst!

Hier haben wir es mit einem seltenen Fall in der Natur zu tun: Die eigene Frucht – in der Annahme dass der Samen verbreitet wird – wird anderen Spezies zum Verzehr angeboten. Alles andere ist brutaler Raub. Die Möhre ist bestimmt nicht glücklich, wenn sie aus dem Boden gerissen wird, die Kuh produziert die Milch nur für das eigene Kalb usw.

Wachstums- und Ertragsverhältnis

Wachstum und Ertrag sind unzertrennlich miteinander verbunden. Je steiler ein Ast ist, desto stärker wächst er und trägt weniger Obst, aber von bester Qualität. Je flacher er positioniert ist, desto schwächer wächst er und trägt dafür mehr Obst, aber von abnehmender Qualität. Wenn sich ein Ast herunter neigt, nehmen Wachstum und Ertragsqualität rapide ab und es kommt zum Vertrocknen des Astes. Interessant ist dabei festzustellen, dass die Früchte vom selben Leitast unterschiedliche Qualitätsmerkmale haben können.

Daher verstehe ich nicht ganz, wieso das Obst einiger Supermarktsorten einen typischen Einheitsgeschmack haben, sogar über Jahre hinweg und unabhängig von der weltweiten Herkunft.

Liegt es vielleicht an der standardisierten Behandlung mit synthetischen Dünge- und Spritzmitteln?

Den Baum so wachsen lassen wie er mag

Das wird er auch tun. Krankes und vertrocknetes Holz kann er nicht abstoßen und wird dadurch geschädigt. Er wird auch so viel Obst tragen, wie er kann oder mag. Ob der Gärtner damit zufrieden ist? Aus Gesprächen ist mir bekannt, dass viele Menschen gar keine Vorstellung davon haben, wie viel Obst sie ernten könnten.

Die ungeschnittene Krone wird sich überbauen und die unteren Astpartien werden vertrocknen. Der Baum produziert sehr viel Holz und nur wenig Obst in unerreichbarer Höhe. Der Innenbereich der Krone wird nur noch aus kahlem Holz bestehen. An einem Zwetschgenbaum habe ich Äste gesehen, die fünf Meter lang waren und am Ende ganze fünf bis sieben Blätter hatten. Eine wahre Meisterleistung! Die zylinderförmige Krone produzierte nur im Wipfelbereich Obst. Der Volksmund sagt nicht zufällig: „Die süßen Früchte hängen hoch".

So ein Baum sieht nur im belaubten Zustand und nur aus großer Entfernung gut aus. Wenn man konsequenterweise der Natur ihren freien Lauf lassen möchte, so sollte das Bäumchen oberhalb der Veredlungsstelle niemals geformt werden, auch in der Baumschule nicht. Der Baum hätte dann einen sehr kurzen Stamm und die Krone bekäme im besten Fall die Form einer riesigen Spindel. Die unteren Astpartien werden aber langsam vertrocknen. Der Baum wird folglich immer anfälliger für Holzkrankheiten und ist somit zu einem frühen Abgang verurteilt. Andernfalls entsteht aus dem Mitteltrieb ein langer Bogen, darauf einige Ständer – die den Bogen erst recht hinunter drücken – und langfristig ein unförmiges Gebilde. Welcher traditionell orientierte Gärtner hat aber das Gelände dafür und das Durchhaltevermögen, trotz Kritik und Gespött seiner Mitmenschen einen solchen Baum in Ruhe zu lassen? Er könnte dann den Rasen darunter nicht mehr mähen oder das Beikraut entfernen.

Dicht werden lassen und danach schneiden

Das ist meistens eine faule Ausrede und könnte nur bei Gehölzen die Schatten sehr gut vertragen, wie Eibe und Kirschlorbeer, funktionieren. Wir kümmern uns aber um Obstbäume in Kulturform!
Der Innenbereich der Krone würde verkahlen. Außen herum entsteht eine sehr dünne Blätterschicht. Dahinter gibt es gar nichts mehr zu schneiden, da nur kahles Geäst übrig bleiben würde. Man sehe sich mal eine brutal zurück geschnittene Hecke an.

Schneiden bedeutet Schmerzen

Könnte stimmen! Wir wissen es nicht. Manche Menschen, die diese Philosophie vertreten, haben aber das Herz, um zuzusehen, wie ihr Liebling mit Krebs, Kragenfäule, Spitzendürre, ausgeschlitzten Ästen usw. jahrelang qualvoll dahinsiecht. Wenn der Baum doch nur ganz leise stöhnen könnte!
Der Grund für dieses Verhalten liegt in Unwissenheit und Ignoranz! In den meisten Fällen können solche Liebhaber gar kein abgestorbenes oder krankes Holz erkennen. Erst wenn man eine schwere Baumkrankheit (z.B. Krebs) kennt, kann man verstehen, was so ein Liebling erdulden muss, bis er in der Brennholzphase angekommen ist.
Viel schlimmer noch ist es, wenn diese Liebhaber gar nicht bereit sind, sich die Problematik erklären zu lassen: Zehn Schritte bis zum Baum und fünf Minuten Aufmerksamkeit sind schon zu viel verlangt! Ob ein todkranker Baum zum Infektionsherd für andere Bäume in seinem Umfeld wird, interessiert diese Liebhaber sowieso nicht.

Gründlich schneiden und danach den Baum in Ruhe lassen

Es ist absolut falsch, dem Baum einen großen Teil der Krone auf einmal wegzuschneiden, da er darauf explosionsartig reagiert und sich die Krone danach doch wieder verdichtet. Radikale Korrekturen sind bestimmt aufwendiger als regelmäßiges Ausputzen. Baumpflege ist ein steter Vorgang!

Ja oder nein?

In den meisten Fällen wollen es die Leute einfach nicht tun und basta! Ich tue es, wo ich darf – basta!
Ich baue dadurch eine statisch tragfähige und stabile Krone auf. Sie ist luft- und lichtdurchlässig, die Blätter und das Holz trocknen schneller nach dem Regen, das Obst wird besser besonnt, das Ernten der Früchte ist bequemer, der Baum produziert regelmäßig junges Fruchtholz, es wird keine Wuchskraft vergeudet und es wird – was für den Baum lebenswichtig ist – krankes und vertrocknetes Material entfernt. Mit naturgerechtem Schnitt, d.h. mit relativ steil stehenden Leitästen, kann man Schäden durch Sturm, Schnee, Hagelschlag und Sonnenbrand vermeiden oder gehörig reduzieren.
Man macht überhaupt nichts verkehrt, wenn man Äste entfernt die:
- vertrocknet oder krank sind,
- aneinander reiben,
- parallel zu einem darunter positionierten Ast wachsen,
- von außen nach innen wachsen,
- lang gestreckt nach unten hängen und
- die als Konkurrenz- bzw. Schlitzäste klar erkennbar sind.

Bäume sollte man so schneiden, dass sie es gar nicht merken, das heißt, dass man die Schnittarbeiten auf mehrere Aktionen im Jahr verteilen sollte.
Oftmals sieht man ungeschnittene junge Bäume mit sehr langen aber dünnen Ästen. Wie soll an solchen Peitschen Obst gedeihen? Im besten Falle werden daraus lange Bögen, die später viele Ständer produzieren. Was aber geschieht bei Sturm?
Manche Leute mögen Bäume mit einem drei Meter hohen Stamm und bis zum Boden hängenden Ästen. Ich bevorzuge es umgekehrt: Kur-

zer Stamm und aufstrebende Äste. Schließlich muss jeder Baumbesitzer selbst entscheiden, ob er einen aufrecht stehenden Baum oder einen Sonnenschirm haben möchte.

Im Ernterekordjahr 2011 sind im Saarland viele Apfelbäume auseinander gebrochen. Das hätte man durch Schnittmaßnahmen weitestgehend vermeiden können. In solchen Fällen schlägt die Stunde der Wahrheit und die Versäumnisse rächen sich. Mit dem Gehölzschnitt kann man den Baum zu nichts zwingen, man kann nur sein Wachstum zu seinem eigenen und unserem Nutzen beeinflussen!

Der Pflanz- und Erziehungsschnitt

Wenn drei Obstbaumschnittexperten um Rat gefragt werden, bekommt man vier verschiedene Meinungen. Hier wird eine Erziehungsmethode für Halb- und Hochstämme auf kräftig wachsender Unterlage beschrieben. Ziel ist die sogenannte Oeschbergkrone, eine in der Schweiz aufgrund von Beobachtungen des natürlichen Wuchses entwickelte Kronenform.

Anmerkung: Ich habe auch kleine Buschbäume nach dieser Methode formiert. Die Methode ist bei frei stehenden Büschen in jedem Falle vorteilhaft, bei Spalierobst nur zweidimensional.

Wenn man ein wurzelnacktes Bäumchen aus der Baumschule betrachtet, wird man sofort merken, dass die Krone viel mehr Holz hat als die Wurzeln. In der nächsten Vegetationsperiode müsste demzufolge mehr Wasser über die Krone verdunsten als die geschwächte Wurzel aus dem Erdreich aufnehmen kann. Im Frühjahr treibt das Bäumchen aus vielen Knospen aus. Was geschieht aber wenn das Bäumchen alle Wachstumsreserven verbraucht hat und ein trockener Sommer folgt?

Die Entscheidung über Verderb oder Gedeih wird im Wurzelbereich getroffen. Gelingt es der Wurzel in lockerer und stetig feuchter Erde anzuwachsen, kann das Bäumchen den Verpflanzungsschock gut verkraften. In schwerer oder trockener Erde ist eine Katastrophe vorprogrammiert. Um dies zu vermeiden, bleibt uns nur eine Möglichkeit: Wir müssen das Gleichgewicht zwischen der Krone und verbliebener Wurzel wieder herstellen, das heißt, die Krone auf das wesentliche Geäst verkleinern!
Oftmals hat die Krone mehrere Mitteltriebe. Davon braucht der Baum aber nur einen, alle anderen sind sogenannte Konkurrenztriebe. Diese Triebe sind erstens unnötig und zweitens könnten sie, da sie in spitzem Winkel an der Stammverlängerung verankert sind, in einigen Jahren ausschlitzen und den Baum ernsthaft gefährden oder zumindest total entstellen. Sie müssen sofort beseitigt werden! Es wäre sehr gut, wenn die Baumschuler die Konkurrenztriebe rechtzeitig entfernen würden, dafür haben sie aber keine Zeit bzw. sie lassen sie daran um die Anforderungen irgendwelcher Richtlinien zu erfüllen. Junge Bäumchen haben manchmal sehr viele Triebe. Davon sollte man aber nur die relevanten Triebe für den Kronenaufbau behalten. Die anderen Triebe kann man entfernen oder sie zu Fruchtholz herabstufen. Somit sind wir schon mitten im Pflanzschnitt angekommen, die hier bereits erwähnten Fachbegriffe werden später erklärt.
Für einen soliden Kronenaufbau braucht man vier sternförmig und ausreichend höhenversetzt positionierte Leittriebe sowie einen Mitteltrieb als Stammverlängerung. Deshalb müssen Obstbauer auch nur bis fünf zählen können.
Der Höhenversatz zwischen den Leittrieben ist absolut erforderlich, da nach ein paar Jahren die dick gewordenen Leitäste der Stammverlängerung den Saft abschnüren könnten. Sie würde dadurch verkümmern oder vertrocknen. Auch wenn das nicht zutrifft, werden sich in den Spalten höchstwahrscheinlich Flechten ansiedeln, da die Rinde hier – durch das von der Stammverlängerung herunter rinnende Regenwasser – langsamer trocknet. Die Flechten speichern das Wasser und verschlimmern den negativen Effekt weiterhin. Aus diesem Teufelskreis kann Fäulnis mit ernsthaften Folgen an einer kritischen Stelle

des Astgerüstes entstehen. Bei einem alten Baum mit solch einer Kronenbasis kann man durch konsequente und schonende Entfernung der Flechten sowie der abgestorbenen Rindenplatten Abhilfe schaffen.

Die Kronenform mit vier Leitästen wird sich dadurch kennzeichnen, dass sich der Baum in die Breite ausdehnen wird und nicht so intensiv in die Höhe wächst.

Das Bäumchen aus der Baumschule könnte so wie in der linken Skizze aussehen, hier zum besseren Verständnis zweidimensional mit nur zwei brauchbaren Trieben dargestellt.

Dem Kenner fällt sofort der Konkurrenztrieb neben dem Mitteltrieb auf. Er muss unbedingt entfernt werden. Irgendwann, wenn der Baum am schönsten ist, würde dieser Ast bestimmt weg brechen und einen Teil des Stammes mitreißen. Der kurze Trieb unterhalb der eigentlichen Krone muss auch entfernt werden. Danach sieht die Krone wie in der rechten Skizze aus: Ein Mitteltrieb mit zwei Leittrieben.

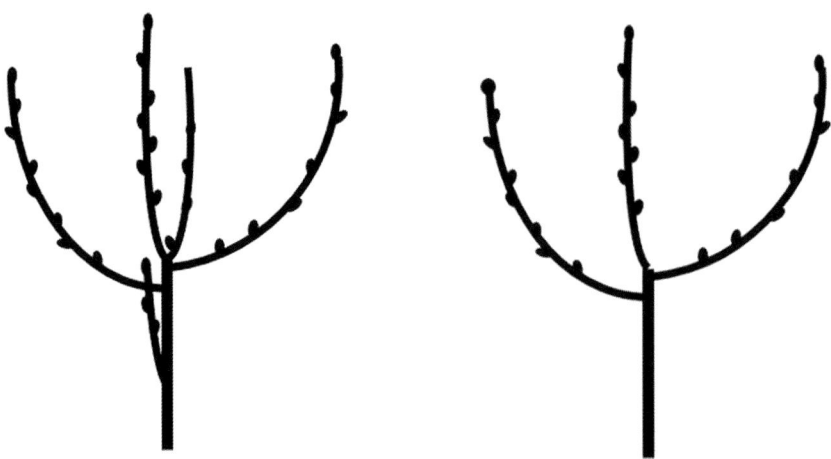

Es ist bekannt, dass der Baum in die Höhe wachsen möchte und der Trieb aus der obersten Knospe immer steil bzw. senkrecht nach oben strebt. Dieses Verhalten nutzen wir für die Erziehung von relativ steilen Leitästen. Zur Ausbildung von Fruchtästen wollen wir dagegen etwas weniger steil positionierte Triebe heranziehen.

Ich praktiziere, entgegen der oftmals in der Literatur beschriebenen Methode, den sogenannten Augenumkehrschnitt nach Helmut Palmer. Hierbei muss man auf jede Knospe achten. Man sucht sich an jedem Leittrieb eine nach außen positionierte Knospe aus. Davon ausgehend verschont man noch die darüber positionierte Knospe (besonders wenn sie nach innen zeigt) und schneidet den Rest des Triebes unter Beibehaltung eines langen Zapfens ab.

Am Mitteltrieb sucht man sich etwa 20 Zentimeter über den verbliebenen Leittriebspitzen eine Knospe, die senkrecht über der Anschnittstelle am unteren Ende dieses Triebes ist. Oberhalb dieser Knospe schneidet man schräg, unter Beibehaltung eines kurzen Zapfens. Durch die Wahl dieser Knospe (siehe auch unter „Von uns ungewollte Reaktion") erzielt man langfristig eine annähernd gerade und senkrechte Stammverlängerung. Das wird in der linken Skizze unten dargestellt durchgeführt. Nach dem Schnitt sieht die Krone wie in der Skizze rechts aus.

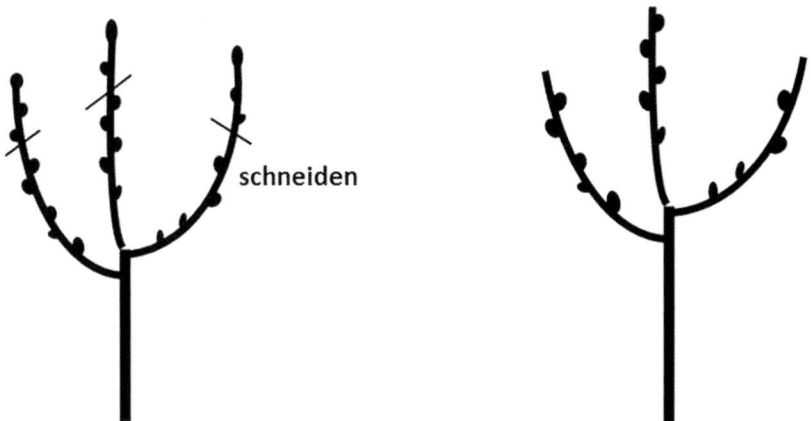

Damit ist man aber noch nicht fertig. Um die Produktion von unnötigem Holz zu vermeiden, müssen wir noch ein paar Knospen am Mitteltrieb – die oberste ausgenommen – und an der Innenseite der Leittriebe ausbrechen.

Am Mitteltrieb muss man zwei bis drei Knospen unterhalb der obersten Knospe entfernen, da sie höchstwahrscheinlich sehr steil treiben und sich zu Konkurrenztrieben entwickeln.

Die Knospen an der Innenseite der Leittriebe treiben von außen nach innen, wobei sie unsinnigerweise die Krone verstopfen und nur wertvolle Wuchskraft vergeuden würden.

Nur die oberste Knospe an jedem Leittrieb sollte idealerweise auf der Innenseite positioniert sein und auch verschont werden. Daraus entstehen die senkrechten Triebe, die der Baum für sein natürliches Wuchsverhalten braucht. Dieses gesetzmäßige Wuchsverhalten muss befriedigt werden, nur um unsere eigenen Absichten durchzusetzen. Danach sieht die junge Krone so wie in der rechten Skizze aus:

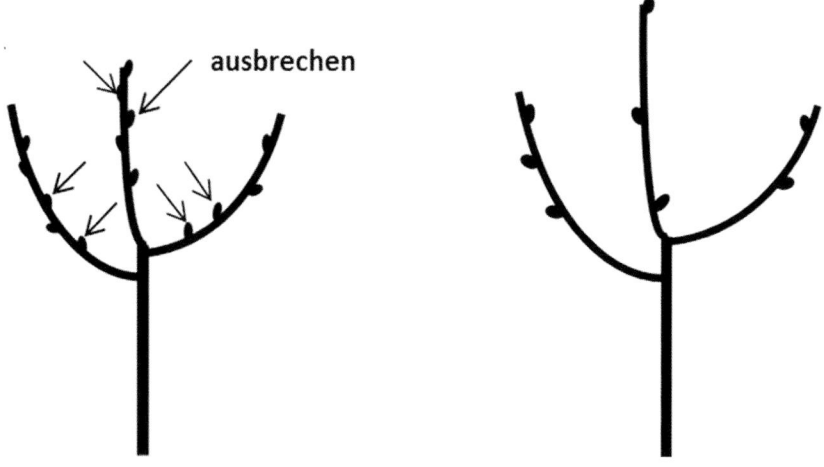

Ganz schön kahl, was? Nachdem man das Bäumchen so massakriert hat, muss man damit rechnen, dass man von der Hausfrau beschimpft und aus dem Garten verjagt wird.

Interessiert ist man eigentlich nur an zwei gesunden Knospen je Leittrieb und an einer Knospe am Mitteltrieb. Die Krone ist jetzt so weit zurückgenommen, dass man keine Vertrocknung des frisch verpflanzten Bäumchens in der ersten Vegetationsperiode befürchten muss.

Im darauf folgenden Sommer kann man die Reaktion des Bäumchens bewundern.

Die Krone, ohne Darstellung der Blätter und uninteressanter Triebe, sieht dann wie in der linken Skizze aus. Im Sommer kann man die inzwischen vertrockneten Zapfen restlos entfernen. Fertig!
Danach sieht der Baum so wie in der rechten Skizze aus.

Jetzt könnte es sein, dass die Hausfrau das Massaker vom Frühjahr verzeiht. Vorausgesetzt, dass das Bäumchen gut gepflegt und genährt ist, kann man mit einem wuchsfreudigen Austrieb rechnen. Meine Lieblingsapfelsorte, der ´Edelborsdorfer´, wird in der Fachliteratur als mäßig wachsend beschrieben. Meinen Baum interessierte das aber nicht. Im Hausgarten habe ich auf vorsichtig gedüngtem Sandboden 80 Zentimeter Neutrieb erzielt und der Durchmesser der zweijährigen Triebe hat sich vervierfacht. Das neue Material war auch gut verholzt. Im folgenden Winter ist keine einzige Knospe vertrocknet.
Unser Bäumchen hat nun vier relativ steil stehende Triebe mit vier weniger steil stehenden Nebentrieben (es sind aber nur je zwei in den Skizzen dargestellt) sowie einen steilen Mitteltrieb mit flach verankerten Seitentrieben ausgebildet. Konkurrenztriebe und überflüssiges Holz hat es nicht produziert und somit auch keine Wuchskraft ver-

geudet. Man registriere auch das Dickenwachstum der zweijährigen Triebe! Es ist direkt von der darüber liegenden Blattmasse abhängig. Die weniger steil stehenden Nebentriebe werden ihren Abgangswinkel beibehalten. Ich möchte hier schon darauf hinweisen, dass man das Kronengerüst mit dieser Methode ohne binden und/oder spreizen aufbauen kann. Die Last der Fruchtäste, des Fruchtholzes und des Obstes wird die späteren Äste sowieso in eine geneigte Haltung herunterziehen. Ein alt gedienter Kollege im Obst- und Gartenbauverein hat mich darauf aufmerksam gemacht. Recht hatte er!

Man kann einige für das Kronengerüst uninteressante Triebe flach binden und sie dadurch zu Fruchtholz herabstufen. Das sollte man zu diesem Zeitpunkt nur in einem geringen Maße tun und nur um die Neugier über die neu erworbene Sorte zu befriedigen. Man sollte das Bäumchen nicht mit Fruchtbildung überfordern, da es in jungen Jahren vergreisen könnte!

Wenn man im ersten Jahr aufgrund der vorhandenen Triebe nur zwei brauchbare Leittriebe ziehen kann, ist das kein Problem: Man zieht in den nächsten Jahren, ausreichend höhenversetzt (etwa 20 bis 25 Zentimeter) und quer zu den beiden ersten, aus dem Mitteltrieb zwei weitere Leittriebe nach.

Man kann auch mit nur drei Leittrieben eine schöne Krone erzielen. Hier muss man nicht mehr so peinlich auf den Höhenversatz der Triebverankerung achten, da drei gleichmäßig verteilte Äste keine eng anliegenden Backen bilden, auch wenn sie derselben Knospenebene entstammen. Dieser Baum könnte aber strebsamer in die Höhe wachsen (d.h. Ständer produzieren) da er sich nicht so breitflächig ausdehnen wird.

Im nächsten Frühjahr könnte unser Baum, vor und nach dem Schnitt, wie folgt aussehen:

Beim Erziehungsschnitt wird nach den gleichen Regeln wie im Vorjahr geschnitten:
Man sucht nach außen gut positionierte Knospen, verschont die nächste direkt darüber liegende Knospe und dann entfernt man den Rest des Triebes. Nach innen ausgerichtete Knospen werden (die oberste ausgenommen) ausgebrochen. Es reicht schon in den meisten Fällen, wenn man mit dem Handschuh über die Innenseite des Triebes streift.

Das Bäumchen wächst wie programmiert.

Die Reaktion des Baumes dürfte nun keine Überraschung sein: Bei guter Standfestigkeit der jungen Leitäste oder bei sortenbedingt steil wachsenden Sorten kann es vorkommen, dass sie über eine unverhältnismäßige Länge fast parallel zur Stammverlängerung emporwachsen. Hier kann man einfach nach außen, wie im unteren Bild dargestellt, weiterleiten. Das kann schon im Spätsommer geschehen. Einige Triebe werden ganz einfach gekürzt damit sie sich verzweigen.

Das Ergebnis kann sich sehen lassen! Für die Kronenstruktur unwichtige Kurztriebe sind hier nicht dargestellt. Man bedenke dass hier das Wachstum von nur zwei Vegetationsjahren dargestellt ist.

Diese Struktur bzw. den Neigungswinkel der jungen Leitäste lasse ich mir durch das Gewicht des ersten Ertrages oder das Eigengewicht der belaubten und noch relativ dünnen Äste nicht mehr verderben. Anstatt Jahr für Jahr die Hälfte des Neutriebes zu entfernen, um die Standfestigkeit zu erhalten, verankere ich die jungen Leitäste mit Bindeschnur am Mitteltrieb (nicht abschnüren!).
So bestimme ich ihre Neigung und fördere gleichzeitig das Dickenwachstum indem ausreichend Blattmasse vorhanden bleibt. Die Astspitzen und ihre Endknospen bleiben so früh wie möglich – etwa ab dem vierten Standjahr – unberührt und das Wachstum der jungen Leitäste bereitet mir große Freude.
Nur wenn sie sich gar nicht verzweigen wollen, kommt wieder die Astschere...
Bei steil wachsenden Sorten muss man die jungen Äste mehrere Jahre nach außen weiterleiten, wie hier dargestellt wurde. Nur so wird sich die Krone solcher Sorten in die Breite ausdehnen. Ansonsten würden die Leitäste zu eng an der Stammverlängerung emporwachsen. Die Fruchtäste kann man auch später noch durch gezielte Triebförderung (siehe Kapitel „Kleine Tricks") nachformieren.
Bei flach wachsenden Sorten (z.B. ´Brettacher Sämling´) kann man die steilen Triebe stehen lassen und direkt Leitäste daraus ziehen. Aus den weniger steil stehenden Nebentrieben kann man dann Fruchtäste formieren.
Im Innenbereich der Krone (zwischen den Leitästen und der Stammverlängerung) kann man ab dem dritten Vegetationsjahr mit der Bildung von kurzem Fruchtholz beginnen bzw. es dulden, indem man die Knospen nicht mehr so konsequent entfernt.

Nach ein paar Jahren sollte die Krone, im Prinzip, wie in der folgenden Skizze aussehen:

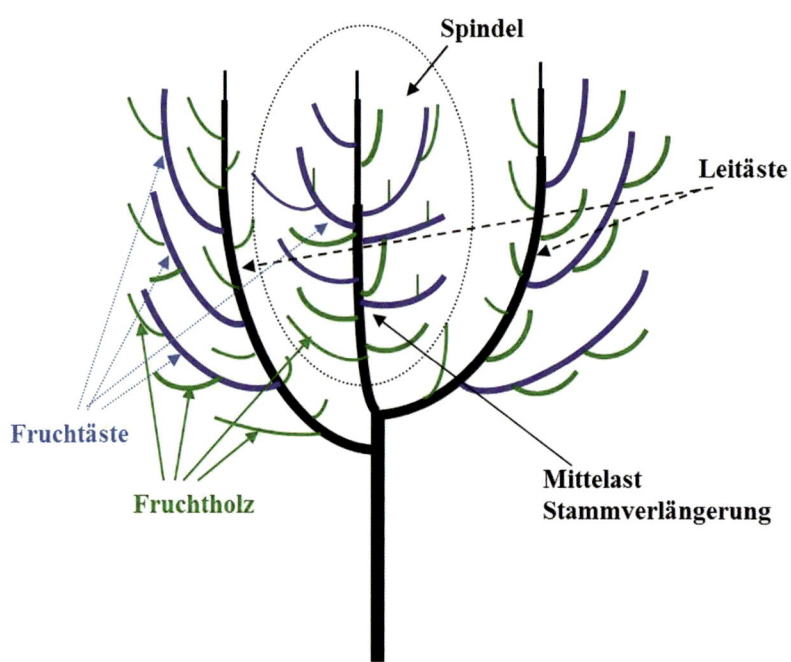

Sie besteht aus vier relativ steil (etwa 45 Grad) stehenden Leitästen mit je drei (bei starkwüchsigen Sorten auch mehreren) nach außen orientierten Fruchtästen. Die Stammverlängerung bildet mit ihren Fruchtästen eine große Spindel.

Stammverlängerung, Leitäste und Fruchtäste bilden das tragende Gerüst der Krone. Daran wächst das Fruchtholz, das flach gehalten und in einem fünf- bis sechsjährigen Zyklus erneuert werden sollte.

Im Innenbereich der Krone, zwischen der Stammverlängerung und den Leitästen, sollte man nur kurzes Fruchtholz dulden.

Das Tragegerüst wird nur beim Verjüngungsschnitt, beim Abdecken zwecks Neuveredlung oder Sturmschäden bearbeitet. Diese Kronenform produziert keine unnötigen Reiter, Ständer, Wasserschosse (wie man sie auch nennen mag) und die zu erwartenden Fruchtmengen sind beeindruckend: Sortenbedingt wird von bis zu 500 Kilogramm

Äpfel bzw. 200 Kilogramm Pflaumen bei optimal gepflegten Halbstämmen auf Sämlingsunterlage berichtet.
Diese Schnittmethode kann bei allen Obstarten, mit viel Geduld auch bei Pfirsich und Aprikose, angewandt werden.
Auch die meisten alten Bäume können mit gezielten und über mehrere Jahre verteilten Schnittmaßnahmen in die dargestellte Form gebracht werden. Wenn dabei aber mehrere Wunden mit sehr großem Durchmesser (15 bis 25 Zentimeter an ehemaligen Konkurrenzästen) entstehen, sollte man sich überlegen, ob ein Ersetzen des Baumes nicht sinnvoller wäre. Diese Wunden wird der Baum niemals verschließen können und langfristig deswegen leiden. Aus einer Ruine kann man keinen Bilderbuchbaum ziehen! Das musste ich nach fünf Jahren Kampf gegen einen vormals vernachlässigten Zwetschgenbaum einsehen.
Helmut Palmer (1930-2004) hat sein ganzes Berufsleben um die Anerkennung dieser Erziehungstechnik in Deutschland gekämpft. Er ist fast überall auf erbitterten Widerstand gestoßen. Vielleicht haben auch nur wenige Baumliebhaber die Geduld aufgebracht, um diese Schnittmethode zu studieren und die notwendige Einsicht gehabt, sie auch zu akzeptieren.
Die meisten Experten waren zu stolz dazu oder hatten andere Gründe oder Interessen. Palmer hat seinen Frust in dem Buch „Der Notenschlüssel der Natur" zum Ausdruck gebracht und gleichzeitig damit seiner leidenschaftlichen Liebe zu den Obstbäumen ein Denkmal gesetzt. Inzwischen erscheint diese Kronenform recht häufig in der deutschen Fachliteratur, der Begriff „Oeschbergkrone" und der Name Palmer werden aber systematisch umgangen. Wie konnte er auch nur die alten Methoden anzweifeln?
Im Zusammenhang mit waagerecht verzogenen Leitästen und damit aufgebauten Dreideckerkronen auf Halb- und Hochstämmen möchte ich mich hier nicht äußern – ich schaffe lieber mit der Natur als gegen sie. Oftmals wird nicht erkannt, dass die Dreideckerkrone nur bei Spalierobst einen Sinn macht.
Vergessen Sie die uralten Sprüche mit der Mütze oder dem Vogel, die durch die Baumkrone fliegen können müssen. Sorgen Sie lieber für

ein standfestes Astgerüst und junges, gut belichtetes Fruchtholz! Schneiden Sie immer bewusst und nicht nach Gefühl. Verteilen Sie die Schnittmaßnahmen auf mehrere Aktionen im Jahr. Der Baum sollte gar nicht merken, dass ihm ein Teil der Krone entfernt worden ist, denn jeder Eingriff in der Krone wirkt sich auch auf das Wurzelwachstum aus.

Obstgehölzschnitt ist wie Schach spielen: Es geht Zug um Zug.

An vielen Stellen im oberen Bereich sieht man deutlich die Reaktion auf den Augen-Umkehrschnitt, auch Palmer-Umkehrschnitt genannt.

Störungen

Hier wurden Schönwetterabläufe dargestellt. Manchmal treiben die Knospen nicht aus, obwohl sie ganz vital ausgesehen haben. Bei Steinobst kommt es häufig vor, dass die am besten positionierten Knospen auf dem Weg von der Baumschule bis zum neuen Standort abgebrochen sind. Ich habe mir mal Obstbäume mit der Post schicken lassen: Ein Zwetschgenbaum hatte im Außenbereich überhaupt keine Knospen mehr.

Manchmal hat man erst nach Jahren eine echte Auswahl passender Knospen bzw. Triebe. Ich möchte hervorheben, dass ein Baum weder eine geometrische Figur noch ein architektonisches Bauwerk ist und nicht so aussehen muss wie in meiner Prinzipdarstellung!

Die hier dargestellten Abläufe setzen auch optimale Lichtverhältnisse voraus. Wenn diese nicht stimmen, sind die kuriosesten Wuchsreaktionen zu beobachten. Bei zu wenig Sonnenlicht wachsen alle Triebe/Äste senkrecht und ohne jede Verzweigung in die Höhe. Bei intensivem Schatten neigen sich die Kronen dem Lichteinfall entgegen bzw. von dem schattigen Bereich weg. An einem fünfjährigen Zwetschgenbaum habe ich sogar eine bogenförmige Verkrümmung des Stammes beobachtet.

Es gibt Pflanzen von denen bekannt ist, dass man sie nicht drehen darf. Ein Gummibaum lässt in einem solchen Falle seine Blätter fallen, weil er sie nach der Richtung des Lichteinfalles ausgerichtet hatte. Ein Buchsbaum reagiert auch so. Man kann eine ähnliche Reaktion bei Obstbäumen annehmen. Wenn der Baum durch das Verpflanzen gedreht wird, ist es denkbar, dass seine Knospen etwas verwirrt sind und demzufolge nicht wie von uns erwartet austreiben. Bis zum folgenden Vegetationsjahr wird er sich aber dem Verlauf der Sonne angepasst haben und auch von der inzwischen angewachsenen Wurzel zu kräftigem Austrieb angeregt werden.

Es gibt Baumschulen, die die Südseite der Bäumchen mit Farbe markieren. Man sollte eine solche Markierung, wenn vorhanden, unbedingt beachten.

Der Zweigstecher *(Rhynchites coeruleus)* beisst die Spitzen junger Triebe ab. Der etwa dreieinhalb Millimeter große Käfer kümmert sich

Der Zweigstecher stört den Kronenaufbau. Ende Juni fällt die befallene Spitze nicht mehr ab.

nicht um die Pläne des Gärtners und verpfuscht den Kronenaufbau. Er legt sein Ei in die krautige Spitze des jungen Triebes und beißt sie unterhalb dieser Stelle ab. Die Larve ernährt sich danach von dem welken Material. Die Triebspitzen sind rasiermesserscharf abgebissen oder hängen manchmal nur noch an einem Rindenrest. Meistens treibt ein paar Wochen später aus der obersten Blattachsel wieder eine neue Knospe aus. Der neue Trieb bleibt aber wesentlich schwä-

cher als seine Altersgenossen oder er wächst in eine ganz andere Richtung weiter. Bevorzugt werden die Triebspitzen in luftiger Höhe, das heißt genau die Triebspitzen die für den Kronenaufbau am wichtigsten sind. Ich habe mit Absicht unnötige Triebe (solche die von außen nach innen wachsen) am Baum gelassen um diesen Störenfried abzulenken. Es hat nichts gebracht. Dem Mitteltrieb eines Apfelbaumes hat er sogar die nachgewachsene Spitze abgebissen. Dadurch steigt die Gefahr dass ein Leittrieb ausbricht, den Mitteltrieb überbaut und der ganze Kronenaufbau verkracht wird.

Man kann den Nachwuchs des Käfers bekämpfen indem man die welken Triebspitzen einsammelt und zertritt. Die Larve verpuppt sich im Boden. Gegen den Käfer selbst kann man so gut wie nichts machen. Ich habe einmal einen auf frischer Tat ertappt und mich genüsslich an ihm gerächt, der Triebspitze hat es aber nicht mehr geholfen! Man weiß, dass er in Borkenspalten überwintert. Da er fliegen kann, nutzt es nichts, wenn man die Baumrinde der eigenen Bäume pflegt. Er findet Unterschlupf an anderen Stellen. Ich schätze, dass er den Kronenaufbau eines jungen Baumes um ein bis zwei Jahre verzögern kann. An einem meiner jungen Bäumchen kappte er über mehrere Jahre hindurch alle Triebspitzen ab. Ich korrigierte nur noch die übrig gebliebenen Reste.

Interessant ist die Beobachtung, dass er die Bäume in den ersten Jahren nach der Verpflanzung bevorzugt und manche Sorten sogar in Ruhe lässt. Schmecken seiner Larve die kräftigen Triebe von gut ernährten Bäumen nicht? Im Frühjahr 2009 war er ganz besonders aktiv. Warum?

An meinem 'Weißen Matapfel' war er im Jahr 2010 ganz besonders fleißig. Nach kurzem Suchen glaube ich den Grund gefunden zu haben: Unterhalb der Kronenbasis fand ich an zwei gegenüberliegenden Stellen Kotkrümel von eingedrungenen Insekten (Rindenwickler?). Mit der Korkenzieherspirale des Taschenmessers habe ich die Fraßkanäle aufgebohrt und die vorhandenen Maden getötet. Hat der gestörte/verminderte Saftfluss die Attraktivität der jungen Triebspitzen verursacht?

Ich habe Meisen beim Einsammeln von Spannerraupen oder Blattläusen beobachtet. Junge Triebspitzen sind dadurch nicht abgebrochen oder beschädigt worden.

Die Vor- und Nachteile der Oeschbergkrone kurz gefasst:
- schnelles Wachstum der Krone,
- keine Vergeudung von Wuchskraft,
- wenig Arbeitsaufwand,
- gute Tragfähigkeit, beste Statik,
- optimale Belichtung der ganzen Krone,
- optimale Belüftung der Krone,
- sturmfest und geringste Hagelschäden
- früher Ertragsbeginn,
- hoher und regelmäßiger Ertrag,
- gute Qualität der Früchte und
- langlebige Gehölze.

Selbst im belaubten Zustand sieht man deutlich wie luft- und lichtdurchlässig eine junge Oeschbergkrone ist. Die beiden Leitäste links im Bild wurden mit Tonkinstäben in die gewünschte Position gebracht.

Nach langem Suchen habe ich auch einen Nachteil gefunden: Der sortentypische Habitus ist nicht mehr gegeben. Manche Umweltschützer haben etwas gegen dieses Konzept, weil diese Kronen nicht so gut als Nistplatz für Vögel und als Unterschlupf für Kleintiere genutzt

werden können bzw. der Holzkörper nicht frühzeitig genug als Pilz- und Insektenfutter zur Verfügung steht. Sie sind halt eher an Baumruinen interessiert... Mag sein, aber zuerst sollte der Baum wachsen, die Natur bekommt ihn noch früh genug.

Gute Kronenverankerung an junger Zwetschge.

Friedrich Rückert kam im 19.Jahrhundert schon der Sache auf den Grund, lange vor dem Konzept der Oeschbergkrone, als er in einem Gedicht feststellte:

„... *am schönsten blühte*
... was ich ließ ranken
nach seinen eigenen Gedanken."

Von uns ungewollte Reaktion vermeiden

an steil stehenden Trieben; meistens am Mitteltrieb.

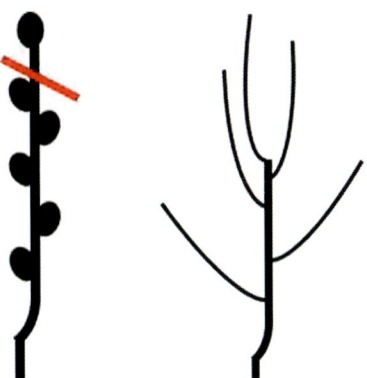

Wenn man einen steil stehenden Trieb anschneidet, treiben die Knospen wie in der rechten Skizze dargestellt aus. Die obersten Triebe wachsen steil nach oben (Überlebenskampf!). Man nennt die steil verankerten Triebe unterhalb der Spitze Konkurrenztriebe oder Schlitzäste. Sie schlitzen bestimmt irgendwann aus. Deshalb soll man zwei bis drei Knospen unterhalb der verbliebenen Endknospe ausbrechen. Alle weiteren Triebe wachsen flach oder die Knospen treiben gar nicht aus.
Man beachte die Position der verbliebenen Endknospe in Bezug auf die Krümmung der Triebbasis. Sie liegt genau senkrecht über der alten Anschnittstelle am unteren Ende des Mitteltriebes.
Wenn die Baumschuler die zweite und dritte Knospe ausbrechen würden, hätten die jungen Bäumchen nicht so viele unnötige und für die langfristige Zukunft des Bäumchens nicht so gefährliche Konkurrenztriebe! Die Produktion von unnötigem Holz, das später sowieso unbedingt entfernt werden muss, verzögert nur die Entwicklung des Bäumchens.
Wenn man die Vitalität der Knospen nicht richtig einschätzen kann, sollte kann man sie alle an den Trieben belassen, direkt nach dem Austrieb aber die ungewollten Neutriebe ausbrechen.

Kleine Tricks

Das Wachstum eines Seitentriebes anregen:

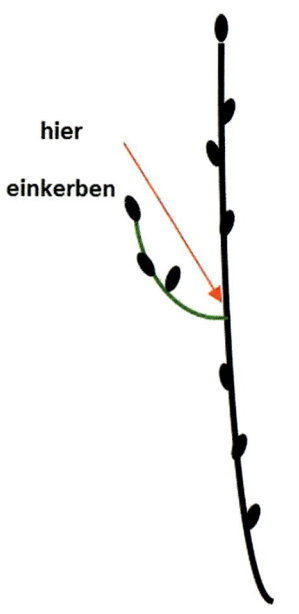

Wenn man einen kurzen Trieb oder einen Spross zu verstärktem Wachstum anregen möchte, kerbt man im Frühjahr die Rinde des tragenden Astes direkt oberhalb des Ansatzes ein.

Vorsicht: Nur die Rinde einkerben, der Basistrieb könnte abbrechen! Man kann den Vorgang eventuell im Sommer oder im nächsten Jahr wiederholen.

Der vom Saftrückfluss abgeschnittene Trieb gerät unter Druck und seine Endknospe wird hormonal zu verstärktem Wachstum angeregt. Diese Knospe wähnt sich nun als oberste Knospe des Baumes/Astes und schießt in die Höhe. An dem stimulierten Trieb werden in der folgenden Vegetationsperiode nur Holzknospen angesetzt (Überlebenskampf!).

Ohne eine Wunde zu verursachen, kann man den Trieb auch durch schonendes Hochbinden zu verstärktem Wachstum anregen, aber nur wenn er dafür schon lang genug ist.

Das Wachstum eines Seitentriebes bremsen:

Wenn man einen Seitentrieb in seinem Wachstum bremsen möchte, kerbt man im Frühjahr die Rinde des tragenden Astes unterhalb des Triebansatzes ein. Damit wird dem Seitentrieb die Saftzufuhr unterbunden, er wird in seinem Wachstum gebremst und wird gegebenenfalls Fruchtknospen ansetzen. Er meint sich in den unteren Kronenbereich versetzt und beteiligt sich nicht mehr am Wettlauf um das Licht.

Vorsicht beim Einkerben: Die Bruchgefahr für den Basistrieb ist hier noch größer! Diese Methode wird seltener angewandt. Durch Flachbinden kann man das Wachstum des Triebes schonender bremsen.

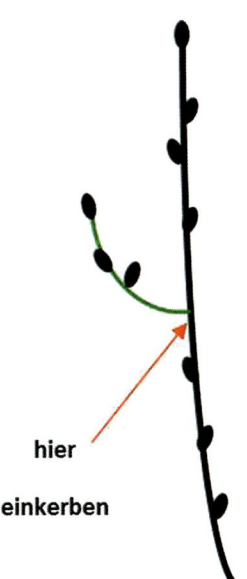

hier einkerben

Allgemein gilt:
Wenn man einen Ast oder Trieb zum Verzweigen anregen möchte, muss man ihm wenigstens die Endknospe abschneiden. Das übernimmt der Zweigstecher im Frühjahr, öfter als mir lieb ist. Oder weiß ich seine Unterstützung noch nicht zu schätzen?

Anstatt mit Schnitt jahrelang weiterleiten, kann man gegebenenfalls die jungen Leitäste abspreizen.

Hier wurde erst nachträglich in Richtung Oeschbergkrone umgeformt.

Der Hochstammbusch

Es kann vorkommen, dass man in der Baumschule einen Buschbaum kauft und Jahre später feststellt, dass er eigentlich ein Halbstamm (also auf stark wachsender Unterlage) ist. Daraus kann man keinen Busch erziehen, da er in seiner Wuchskraft nicht zu bremsen ist! Bei den Stückzahlen, die dort verkauft werden, kann eine kleine Verwechslung schon mal vorkommen, zumal keine Baumschule alle Sorten und Baumformen aus dem eigenen Betrieb/eigener Zucht anbieten kann.

Es kann auch andersherum passieren: Ich habe einen Hochstamm gepflanzt und war vorerst mit ihm zufrieden. Im ersten Vegetationsjahr hat er sich normal entwickelt. Im zweiten Jahr hat er kaum ausgetrieben und ich habe den Grund dafür in dem starken Befall durch die Raupen des Frostspanners vermutet. Im dritten Jahr war der Austrieb sehr schwach, obwohl ich diesmal die Raupen des Frostspanners mit Erfolg bekämpft hatte. Mir fiel außerdem seine mechanische Instabilität auf, da man im dritten Jahr schon eine gewisse Standfestigkeit erwarten kann. Im vierten Jahr hat er überraschenderweise aus allen Knospen geblüht. Da sich ein Hochstamm nicht so verhält, war mir nun klar, dass ich einen Buschbaum mit langem Stamm erworben hatte, also ein von mir so genannter Hochstammbusch.

Da mir die Sorte sehr am Herzen lag, wollte ich den Baum unbedingt behalten. Da kam mir die Idee, die Edelsorte eigene Wurzeln ziehen zu lassen. Die Umsetzung war sehr einfach: Ich habe einem Kunststoffeimer den Boden abgesägt und ihn seitlich der Länge nach aufgeschlitzt. Auf beiden Seiten der Schnittlinie habe ich im Abstand von fünf Zentimeter paarweise kleine Löcher gebohrt. Den Kegelstumpf habe ich koaxial um den Veredlungsknoten gelegt, ihn mit Draht zugeklammert (deshalb paarweise Löcher), mit Erde gefüllt und den erdigen Kragen einen Sommer lang feucht gehalten. Somit habe ich das getan, wovor ich im Kapitel „Obstbäume pflanzen" ausdrücklich warne: Ich habe den Veredlungsknoten eingegraben damit die Edelsorte eigene Wurzeln ziehen kann.

Der Baum bekam über Sommer neuen Auftrieb. Im folgenden November habe ich ihn (jetzt mit Feinwurzeln oberhalb des Veredlungsknotens) an derselben Stelle tiefer gepflanzt und muss nun die Entwicklung abwarten. Nach drei Jahren kann ich berichten: Es geht ihm gut!

Diese Methode kann man nur bei Sorten probieren, die bekannterweise gegen Kragenfäule und andere Rindenkrankheiten resistent sind und nur wenn der Veredlungsknoten schon zugewachsen ist. Die Sorten ´Topaz´ und ´Weißer Klarapfel´ z. B. sind dafür nicht geeignet.

Wurzelschosse sind Alarmzeichen

Die Folgen einer zu schwachen Wurzel habe ich beim Hochstammbusch beobachtet. Was passiert aber wenn die Krone zu schwach ist? Die Wurzel möchte überleben und versucht eine oder mehrere zusätzliche Kronen zu schaffen. Ungepflegte Bäume haben oftmals ein ganzes Bündel Neutriebe an der Stammbasis.

Ich habe mal im Sommer einen alten Apfelbaum gerodet und gleich die ganze Wurzel ausgegraben, glaubte ich. Wochen später erschien etwa zwei Meter daneben ein neuer Trieb, anhand der Blätter und der Rinde eindeutig als Apfeltrieb zu erkennen. Ich ließ ihn stehen um im nächsten Frühjahr eine Edelsorte darauf zu veredeln. Ernsthaft erstaunt war ich aber als ich sah, dass der Trieb seine Blätter im Spätherbst nicht abwarf. Selbst nach mehreren frostigen Nächten mit minus 15 Grad Celsius waren die Blätter immer noch grün und so blieben sie auch über den ganzen Winter. Die Konzentration des Saftes (Frostschutz!) muss enorm gewesen sein! Alle Achtung, das nenne ich Überlebenswille!

Ich wollte auf der Streuobstwiese unbedingt einen Halbstamm ziehen. Ich fand einen ´Danziger Kant´ mit wunderbar verankerten und höhenversetzt stehenden Leittrieben. Die Stammhöhe war idealerweise etwa 120 Zentimeter.

Nun, diese Sorte ist sehr frostfest und der Baum wirft sein Laub erst kurz vor Weihnachten ab. Ende der zweiten Vegetationsperiode hat ein Reh nichts anderes zum Fressen gefunden als die beiden untersten Leitäste meines Halbstammes. Ich musste die übrig gebliebenen Holzreste entfernen. Damit war mein Halbstamm zum Dreiviertelstamm geworden. Im folgenden Sommer musste ich viele Triebe im unteren Bereich des Stammes ausbrechen.

Die Blätter und die Rinde mussten dem „Vieh" sehr gut geschmeckt haben, denn ein Jahr später hat es wieder die untersten Leitäste, kurz vor Weihnachten, abgerissen. Nachdem ich die zerfetzten Reste entfernt hatte, war aus meinem Dreiviertelstamm ein Hochstamm geworden. Die Krone war danach kleiner als bei der Pflanzung. Für nur 5,00 Euro mehr hätte ich gleich einen Hochstamm haben können.

In den folgenden zwei Vegetationsjahren habe ich noch viele Triebe im unteren Bereich des Stammes ausbrechen müssen. Erst danach hat sich der Baum wieder beruhigt.

Die Wurzel hat somit ihre Unzufriedenheit mit der mangelhaften Nährstoffversorgung signalisiert und der Saftdruck im Bereich des Stammes war auch erhöht.

Nach brutalen Schnittmaßnahmen, Astbruch durch Sturm, schweren Verletzungen des Stammes und jahrelangen Blattkrankheiten (Schorf und Mehltau) bilden Stamm und Wurzel eine Menge neuer Triebe. Diese Zeiger sollte man ernst nehmen und man sollte sich um den betroffenen Baum intensiv bemühen.

Es gibt Veredelungsunterlagen von denen bekannt ist, dass sie naturgemäß Wurzelschosse bilden. Das ist hier nicht gemeint.

Wann schneiden?

Früher hatten die Menschen auf dem Lande viel Arbeit, besonders im Sommer. Da mussten die Obstbäume warten. Man war auch der Meinung, dass die Bäume leiden, wenn sie in belaubtem Zustand, also sozusagen bei lebendigem Leibe geschnitten werden. Hinzu kommt noch die Tatsache, dass die kahle Krone im Winter einen sehr guten Überblick über das gesamte Astgerüst bietet. So hat sich langfristig die Meinung durchgesetzt, der Winterschnitt sei das ideale Vorgehen. Heute weiß man, dass die Bäume ihre Wunden bei Saftfluss, also wenn sie belaubt sind, sehr schnell selbst verschließen können. Mit verschließen ist hier die Bildung einer hauchdünnen Schutzschicht aus Wachs, man merkt es an der Verfärbung der Schnittstelle, und nicht das Überwallen mit neuer Rinde gemeint. Das Verhältnis zwischen der erforderlichen Zeit für das Verschließen einer Schnittwunde ist etwa drei Tage bei Sommerschnitt zu etwa 40 Tagen bei Winterschnitt. Das heißt im Umkehrschluss, dass die offenen Schnittwunden im Winter für die Dauer von mehreren Wochen vielen Krankheitserregern schutzlos ausgesetzt sind. Bei feucht-warmem Winterwetter ist die Katastrophe bei anfälligen Sorten vorprogrammiert. Bei Frost oder Nässe sollte man nicht schneiden!

Wenn man Erwerbsobstbauer mitten im Januar beim Baumschneiden sieht, sollte man sich dadurch nicht aufs Eis locken lassen. Diese Personen haben gegebenenfalls sehr viele Obstbäume (einige Tausend) und können daher nicht den optimalen Zeitpunkt abwarten.

Der Winterschnitt ist bei vielen Menschen so tief eingefleischt, dass sich kein Beobachter mit Fragen zurückhalten kann, wenn ich im Obst- und Gartenbauverein die Bäume im Sommer schneide. Selbst wildfremde Menschen können sich nicht beherrschen: Sie müssen ihre Zweifel an dem Vorgehen äußern. Mir liegt dann meistens eine bissige Gegenfrage auf der Zunge...

Andererseits scheint die Liebe zu den Bäumen und das Mitgefühl für ihr scheinbares Leiden so tief im Unterbewusstsein der Menschen verankert zu sein, dass man den mitfühlenden Baumliebhabern verzeihen muss.

Der einzige Grund warum man im Sommer nicht schneiden sollte liegt darin, dass man die Singvögel beim Brüten nicht stören soll.

Man weiß, dass der Baum im Herbst aus der Krone Wachstumsstoffe in dickeren Ästen, Stamm und Wurzeln lagert und diese im Frühjahr wieder in die gesamte Krone verteilt.

Aus dieser Kenntnis kann man folgende Tricks ableiten und anwenden:

a) Wenn man den Baum zu verstärktem Austrieb anregen möchte, schneidet man bei unbelaubtem Zustand (etwa nach Mitte Februar) und lässt ihm dadurch den größten Teil seiner Wachstumsstoffe. Im Frühjahr drückt er die gelagerten Wachstumsstoffe in die verkleinerte Krone und treibt kräftig aus jeder verbliebenen Knospe.

b) Wenn man den Baum im Wachstum drosseln möchte, lässt man ihn im Frühjahr die Säfte in die unberührte Krone verteilen (bis er gut entwickelte Knospen hat oder schon leicht belaubt ist) und schneidet einen Teil der Äste mit allen darin befindlichen Wachstumsstoffen weg. Dieser Verlust bewirkt ganz bestimmt einen geringeren Austrieb.

Im Sommer kann man auch schneiden. Einerseits um eine bessere Belichtung des Obstes während des Reifeprozesses zu ermöglichen – dadurch wird das Obst reicher an Vitaminen, schmackhafter und auch schöner gefärbt – andererseits schneidet man direkt nach der Ernte um eine bessere Ausholzung der verbliebenen Kronenteile zu bewirken.

Bei frostempfindlichen Sorten ist dieses Vorgehen äußerst wichtig, da nur gut verholztes Gewebe die Winterfröste ohne Schäden überstehen kann. Man sollte den Zeitpunkt jedenfalls spät genug wählen, sodass der Baum nicht mehr mit einem Neuaustrieb reagiert. Der Neutrieb kostet Wuchskraft und würde im folgenden Winter sowieso vertrocknen.

Nach ein paar Jahren Beobachtung findet man den richtigen Zeitpunkt für die vorhandenen Sorten heraus. Mein Vorschlag für erste Versuche: Die Bildung der Endknospe abwarten!

Durch Schnittmaßnahmen zur richtigen Jahreszeit kann man Anste-

Vor einem Jahr war diese Krone noch „zu dicht". Große Wunden konnten vermieden werden.

ckungen durch verschiedenste Krankheitserreger vermeiden oder umgehen.

Bei Süßkirschen ist der Schnitt während der Ernte oder von Ende Juni bis Anfang August ratsam. Beim Gehölzschnitt während der Ernte werden schwere Unfälle („Doktorkirschen!") vermieden und dem Baum tut es auch gut: Der Befallsdruck durch die Erreger der Valsa-Krankheit wird dadurch wesentlich reduziert. Ebenso reduziert man den Bleiglanzbefall an Stein- und Kernobst wenn man im Juli und August schneidet. Wenn dabei auch ein paar Früchte mit entfernt werden, bleibt der Ertrag mengenmäßig gleich, aber die Qualität des verbliebenen Obstes wird besser. Die Gesundheit der Bäume sollte jedes Opfer rechtfertigen! Auch dieses.

Der Sommerschnitt ist immer wachstumshemmend. Besonders bei Laubholzhecken kann man sich dadurch viel unnötige Arbeit sparen. Um die Vergeudung von Wuchskraft zu vermeiden, korrigiere ich kleine Fehlentwicklungen zu jedem Zeitpunkt.

Walnussbäume bluten stark. Man sollte sie Ende August schneiden da sie dann eine Phase geringeren Saftflusses durchlaufen.

Nachfolgend eine kurz formulierte Übersicht der Vor- und Nachteile des Instandhaltungsschnittes:

Winterschnitt

Vorteile: Man hat mehr Zeit als im Sommer, die Baumstruktur ist einfach zu erkennen und man kann das Erlernte gut nachvollziehen oder hinterfragen. Eine Wundbehandlung mit künstlicher Rinde ist gegebenenfalls ratsam, aber nicht unbedingt erforderlich. Im Winter schneide ich nicht an Steinobst.
Wenn unbedingt gewollt, dann erst ab Ende Februar vornehmen.
Nachteile: Der Blüten- und Fruchtansatz ist oft unklar (z.B. bei Quitten unmöglich), die Wuchsreaktion ist oft stärker als gewollt und man schafft sich Mehrarbeit für den Sommer. Bei Frost- und Nässephasen ist die Arbeit unangenehm und es besteht eine erhöhte Gefahr durch Erreger von Holzkrankheiten. Wenn Feuchtigkeit hinter die künstliche Rinde eindringt entsteht Fäulnis.

Der Sommerschnitt

kann in mehreren Etappen durchgeführt werden: Im Frühjahr erkennt man während der Blüte den Blüten- und Fruchtansatz eindeutig. Zu diesem Zeitpunkt kann man sicher sein, dass man nicht das verkehrte Holz entfernt.
Der Juni, kurz vor dem Johannistrieb, ist ein sehr guter Zeitpunkt zur Fruchtholzpflege mit erster Handausdünnung. Man lässt nur die günstig positionierten Triebe stehen, die anderen kann man ausreißen.
Beim Augustschnitt ist der Fruchtbehang klar einschätzbar und man kann eine Nachkorrektur der fruchttragenden Kronenteile zu ihrer Entlastung und zur besseren Belichtung schlecht gefärbter Früchte vornehmen. Die Aktion kann bis etwa zwei Wochen vor der Ernte durchgeführt werden.
Mit dem Nachernteschnitt wird der Winterschnitt vorweg genommen und jetzt werden, solange das Laub noch grün ist, ganze Äste und Überbauungen entfernt. Dies ist der optimale Zeitpunkt für radikale Maßnahmen, ohne dass der Baum im Frühjahr nervös reagiert. Jetzt darf man selbst den Wipfel zurücknehmen.

Vorteile des Sommerschnittes: Man kann mit weniger Wuchsreaktion rechnen, der gesamte Schnittaufwand reduziert sich beachtlich gegenüber dem Winterschnitt, der Schnitt kann an den Behang angepasst werden und man kann zu dicht vorhandenes Obst entfernen. Kurzfristig erzielt man eine optimale Belichtung des Fruchtholzes und man vermindert schwankende Erträge.

Nachteile des Sommerschnittes: Die Kronenstruktur, besonders an ungepflegten Bäumen, ist schwer zu erkennen. Wenn man zu früh und zu viel schneidet, ist mit einem starken Durchtrieb zu rechnen. Für große Eingriffe sollte man das Erscheinen der Terminalknospe abwarten. Sie ist rund und dicker als die Knospen in den Blattachseln. Zu diesem Zeitpunkt sind die Blätter an der Triebspitze genau so groß wie jene an der Triebbasis.

Mein Fazit: Der Kenner und wahre Liebhaber schneidet bei belaubtem Zustand, also im Sommer.

Wenn aber das Familienoberhaupt der Singvögel vor dem Brutkasten schimpft, um Entschuldigung bitten und die Aktion verschieben!

Langschnitt und Kurzschnitt

Langschnitt bedeutet nach meinem Verständnis das Entfernen von ganzen Ästen an der Vergabelung oder am Astring. Das tut man, rein technisch betrachtet, am besten in unbelaubtem Zustand, da hier die Wirkung der Maßnahme auf die ganze Krone übersichtlicher ist. Ich beobachte die Struktur meiner Bäume in unbelaubter Phase, markiere mir die zu entfernenden Äste und schneide im Sommer. Der Langschnitt wird nur bei Bedarf durchgeführt.

Kurzschnitt bedeutet Einkürzen junger Äste oder Entfernen von neuen unverholzten Trieben.

Im Allgemeinen bewirkt das Einkürzen der Äste eine rege Verzweigung. Im Sommer ausgeführt, dient die Entfernung ungünstig positionierter Triebe einer besseren Belichtung der Früchte und führt zu einem besseren Verholzen der jungen Triebe.

Das Wachstum für die laufende Vegetationsperiode ist beendet, wenn die Endknospe so klar und deutlich ausgeprägt ist. Die Reaktion auf Schnittmaßnahmen zu diesem Zeitpunkt wird minimal sein.

Hier sieht der Obstbauer alt aus, denn es kann nur noch ein qualifizierter Holzfäller beim Schnitt helfen. Der nutzlose Riese verbraucht etwa 300 Quadratmeter Fläche und sein Obst ist unerreichbar.

Bild links: Faules und weiches Kernholz ist ein trauriges Vorzeichen, auch wenn die „Liebhaber" das noch nicht wahrhaben wollen.

Gut gemeint, aber dumm gelaufen

Es ist schon vorgekommen, dass ein fleißiger Obstbaumpfleger einem Obstbaum – ohne es zu merken – regelmäßig einen Großteil des jungen Fruchtholzes entfernt hat und der Baum dadurch kaum blüht.
Erst wenn der Obstbauer den Baum ein paar Jahre nicht angerührt hatte, gab es unerwartet Obst in Hülle und Fülle, aber von minderwertiger Qualität.
Das ist Wasser auf die Mühlräder der von mir sogenannten Liebhaber, die sich so in ihrer ablehnenden Haltung gegenüber Schnitteingriffen bestätigt fühlen. Wenn der Obstbauer dann noch meint, dass die mehrjährige Schnittpause dem Baum gut getan hat und weiterhin nicht mehr schneidet, dann verfilzt die Krone und der Baum alterniert seiner Lebensphase und Ernährungslage entsprechend.
Wenn ein Baum regelmäßig beschnitten worden ist und trotzdem nicht zufriedenstellend blüht, oder man darüber im Zweifel ist, an welchem Holz (einjährig, zweijährig, usw.) er Blüten ansetzt, so schneidet man erst zu dem Zeitpunkt zu dem seine wenigen Blütenknospen aufgehen, oder wenn man den Fruchtansatz schon gut erkennen kann. Das klingt brutal, schadet dem Baum aber überhaupt nicht. Nur so kann man sicher sein, dass man nicht das falsche Astmaterial entfernt. Nach einigen Jahren Beobachtung wird man die richtige Schnitttechnik für die betreffende Obstsorte herausfinden.
Auch hier gilt eine Ausnahme: Zurückhaltung und Vorsicht bei Steinobst! Hier nur im Sommer zur Zeit der Ernte oder kurz danach schneiden.
Quitten blühen immer an der Triebspitze und man kann den Unterschied zwischen Blüten- und Holzknospen nicht während der Saftruhe erkennen. Pfirsiche blühen und fruchten nur am etwa 60 Zentimeter langen einjährigen Fruchtholz. Das muss man beim Fruchtholzschnitt unbedingt beachten!

Versteckspiel

Ein Gärtnermeister mit lebenslanger Erfahrung hat empfohlen, die Ehefrau zum Einkaufen zu schicken, eine Flasche Schnaps zu leeren und erst danach mit dem Baumschnitt zu beginnen. Das würde dem

Baum sehr gut tun. Der Schnapskonsum vor dem Schnitt könnte schmerzhafte Folgen (Unfälle!) für den Gärtner haben, aber die Wirkung der Idee mit der abwesenden Ehefrau kann ich bestätigen. Es ist auch ratsam, die Menge des entfernten Materials ein wenig zu vertuschen. Sofort kleinschneiden und wegräumen kann schon Wunder wirken. Die Liebhaber merken meistens gar nicht, dass etwas aus der Baumkrone fehlt. In den meisten Fällen kann man mit Verständnis rechnen, wenn man Schnittmaßnahmen auf mehrere Aktionen verteilt. Gleiches gilt beim Ausdünnen der Früchte.

Wenn man bei einem Nachbarn oder Bekannten beim Gehölzschnitt helfen möchte und merkt, dass er bei jedem Handgriff Zweifel über die Richtigkeit der Vorgehensweise hat („Du wirst doch nicht diesen schönen Ast wegschneiden?!"), so sollte man sich diskret zurückziehen und ihm seine Obstbäume selbst überlassen. Man sollte sich zufrieden geben, wenn wenigstens das kranke Astmaterial aus den Baumkronen entfernt worden ist. Damit ist die Ansteckungsgefahr für andere Bäume gebannt. Gegen den Willen des Eigentümers kann man den Bäumen nicht helfen.

Oft gemachte Fehler

Die jungen Leitäste werden mit Fruchtholz verwechselt und mit Gewalt waagerecht gezogen oder flach gespreizt.

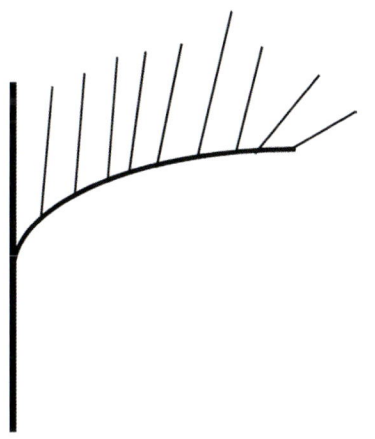

Die Folge ist ein schneller Eintritt in die Ertragsphase und das erfreut den Gärtner, der Baum kann aber früh vergreisen, auseinanderbrechen oder produziert später viele Reiter. Die Entfernung dieser unnötigen Triebe verursacht viele Wunden, vergeudete Wuchskraft sowie nichts bringende Arbeit und Frust. Wenn man sie nicht entfernt, dann verfilzt die ganze Krone.

Allgemein ist auch zu bedenken, dass unsachgemäßes Spreizen mit Stäbchen gefährliche Wunden verursachen kann. Bindeschnur kann die Saftbahnen abschnüren und zu Astbruch führen.

Schlechter Rat
Es wird geraten, direkt oberhalb einer nach außen stehenden Knospe anzuschneiden.

Risiko durch zapfenfreien Schnitt:
Das äußere Auge vertrocknet.

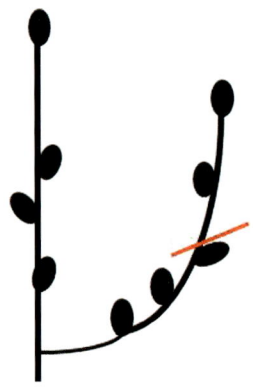

Oder: Das flach positionierte Auge wächst trotzdem steil und man bekommt zwei steile Triebe.
Hier zeigt sich die Überlegenheit des Augen-Umkehrschnittes, so wie ihn Helmut Palmer empfohlen hat. Wenn man am Mitteltrieb über einem Auge zurückschneidet, kann man gar nicht vorsichtig genug sein.

Keine Schlitzäste dulden!

Die Bastringe können sich bei spitzem Abgangswinkel (steiler Verankerung) nicht schließen.

Die steile Verankerung hat früher oder später gravierende Folgen, denn:
Die Gabel bricht auseinander...

... schon geschehen, wie hier am Beispiel einer Fliederverzweigung gezeigt.

Der tragende Hauptast wird auch vernichtend beschädigt.
Abgesehen von der offenen Bruchstelle wird auch der linke Teil der Verzweigung nicht standfest sein. Hier kann man nur noch den tragenden Ast unterhalb der Bruchstelle entfernen.

Dass der „Wurm" schon drinnen war, sieht man erst nach dem Bruch. In dem Trichter sammelt sich Staub, Feuchtigkeit und alles an, was das Eindringen von Holzschädlingen fördert.

Nach Jahrzehnten können die Spätfolgen sehr schmerzhaft werden, nicht nur für den Baum.
Im Hausgarten können Schlitzäste zur Beschädigung des Gebäudes führen und manchmal geht es auch um Leib und Leben.

Der Umgang mit Schlitzästen
Diese Verankerung darf man bei Leit- und Fruchtästen von Anfang an nicht dulden!

 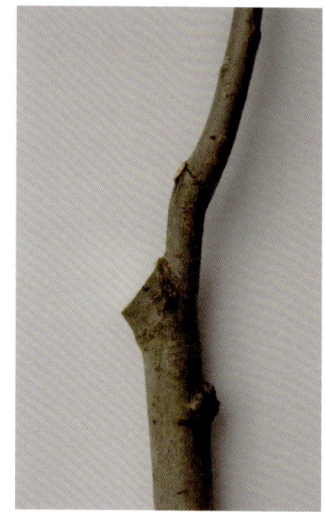

Mit diesem Schnitt hat man die Kronenform vorerst verschandelt aber das Gehölz gerettet.
Die geneigte Schnittführung ist für guten Wasserabfluss und Vermeidung von Schneehütchen absolut zwingend. Diese Wunde kann auch besser von neuem Rindengewebe überwallt werden.
Wenn die dabei entstandene Wunde zu groß sein würde (30 Prozent und mehr), so sollte man einen kurzen Stummel belassen und diesen erst Jahre später kurz abschneiden. Die Kronenform regeneriert sich danach durch Neuaustrieb.

Die Vergabelung kann so nicht bestehen bleiben, besonders wenn sie waagerecht positioniert ist.

Der untere Ast wurde entfernt, auch weil der schwächer ist.

Hier wurden Moos und Flechten an einer kritischen Stelle entfernt und die Spalte mit Bienenwachs soweit gefüllt, dass das Wasser ablaufen kann.

Die Äste auf der rechten Seite sind nicht tragfest verankert. Direkt wegsägen würde unverhältnismäßig große Wunden erzeugen. Hier kann man die Last durch gezielte Schnittmaßnahmen verringern.

Obstbäume veredeln und gezielt formen

Handveredelungen Ende Januar/Anfang Februar
Wenn man einen wurzelnackten Obstbaum pflanzt, so lebt er (leider zu oft) im ersten Vegetationsjahr vom eigenen Saft, im zweiten Jahr schwächelt er vor sich hin und erst im dritten Jahr beginnt er zu wachsen. Wenn man die Arbeit in den Baumschulen und die Jahre vor dem Erwerb dazu rechnet, dann ist das Ergebnis bescheiden. Man kann dem Baum vieles ersparen wenn man ihn schon ab der Veredelung gezielt formt. Die besten Erfolgschancen hat man mit Handveredelungen, wenn sowohl Wurzelunterlage als auch Edelreis in Saftruhe sind. Das trifft Ende Januar/Anfang Februar zu.
Wurzelunterlagen kann man bei gut sortierten Baumschulen kaufen, Edelreiser auch. Wenn man kompromisslos vorgehen möchte, so sollte man die Veredelung auch gleich dort vornehmen lassen. Das macht besonders dann Sinn, wenn man noch unsicher ist oder die letzten Triebe von einem abgehenden Altbaum hat. Mir macht es besonderen Spaß dem Profi zuzuschauen, seine Gemütsruhe ist ansteckend. Das kann er sich auch erlauben, Wurzelunterlage und Edelreis reagieren bei Saftruhe gar nicht, oder nur verzögert, auf den Schnitt. Darauf muss ich später nochmals zurückkommen.
Wenn ich selbst veredle, so säubere ich vorher das Schnittwerkzeug und die Rinde beider Veredelungspartner mit einem alkoholgetränkten Lappen und wasche mir vorher die Hände. Die Schnittwunden dürfen keinesfalls mit den Fingern berührt werden.
Die Veredelungen werden eingetopft und, wie eine Zimmerpflanze, am besten in einem konstant temperierten und hellen Raum aufgestellt. Der Wärmereiz aktiviert das Wachstum. Sortenbedingt beginnen die Knospen nach etwa drei bis vier Wochen zu schwellen. Das könnte aber noch der eigene Saft des Edelreises sein. Wenn das Triebwachstum richtig losgeht ist das Gröbste überstanden. Nun be-

obachte ich die Triebe sehr genau, es könnte sein, dass sie Blattkrankheiten haben oder von Parasiten befallen sind. Darum lasse ich vorerst alle wachsen, das verstärkt den Saftfluss an der Veredelungsstelle und ist somit förderlich für das Zusammenwachsen. Die überflüssigen Triebe kann man etwas später, noch im krautigen Zustand, abbrechen oder kürzen. Die Pflanze nicht drehen! Wenn sich die klimatischen Bedingen zwischen dem Außenbereich und dem warmen Plätzchen im Innenbereich angeglichen haben, etwa im Mai (Stand der Blattentwicklung vergleichen), so sollte man die Stelle mit dem maximalen Lichteinfall markieren (man erkennt die Richtung auch an der Neigung der Blätter) und die Veredlungen mitsamt den Wurzeltöpfen in den Garten pflanzen. Dies verhindert ein übermäßiges Erwärmen der Wurzeln. Bei empfindlichen Sorten kann man vorher auch eine Abhärtung der Bäumchen, durch temporäres Hinausstellen bei schönem Wetter, in Betracht ziehen. Nicht übertreiben, da Sonnenbrandgefahr besteht!

Der Topf wird im Freiland so positioniert, dass die vorher angebrachte Markierung nach Süden zeigt. Nun kann man mit Kompost düngen – es besteht keine Gefahr mehr, dass man sich Insekten ins Haus holt – und muss nur noch für gleichmäßige Feuchtigkeit im Topf sorgen. Selbstverständlich muss der Topf unten ein paar Löcher haben, sonst droht Staunässe.

Die Veredelung muss vorsichtig gestäbt werden damit der krautige Trieb nicht abbricht, Wind und Singvögel könnten ihn beschädigen bzw. abbrechen. Nach dem ersten, bzw. im darauf folgenden Vegetationsjahr müsste unser junges Bäumchen wie in der Skizze links aussehen. Dabei ist es sehr wichtig, dass die Veredlungsstelle (hier als Knoten dargestellt) deutlich über der Erdoberfläche steht (Maß a in der Skizze).

Bei Buschbäumen könnte der aufgepfropfte Zweig sonst eigene Wurzeln ziehen und der Busch einen Riesenwuchs bekommen. Zusätzlich könnte die Edelsorte anfällig für Bodenerreger sein und der Baum sogar daran kaputt gehen. Bei Halb- und Hochstamm ist der Abstand der Veredelungsstelle zum Erdboden nicht so kritisch, da man sowieso einen Baum mit großer Krone haben möchte, die Anfälligkeit der

Edelsorte für Bodenerreger ist aber auch hier zu berücksichtigen. Kurzum, ich empfehle etwa 15-20 Zentimeter. Auch wenn später gemulcht wird, müsste das noch ausreichen.

Wenn das Bäumchen kräftig genug erscheint, kann man es aus dem Topf heraus an den endgültigen Standort verpflanzen, am besten im Herbst, denn der Wurzelballen könnte auseinander brechen (Skizze, rechts). Südseite beibehalten! Durch diese schonende Art der Anzucht und Verpflanzung hat die Wurzel niemals den Stress wie im Falle der wurzelnackt verpflanzten Bäume. Nun gilt es die Stammhöhe festzulegen (Maß b in der Skizze).

Bei Buschbäumen würde ich, für den Anfang, etwa 40 Zentimeter empfehlen. Das reicht für die Anbringung eines Leimringes und müsste auch gegen Spritzwasser ausreichend sein. Bei Halb- und Hochstamm (auf stark wachsender Unterlage) sind ganz andere Dimensionen gefragt. Hier empfehle ich etwa 1,40 Meter für den Hausgarten bzw. 1,60 Meter für die Streuobstwiese. Das reicht für's Rasenmähen im Hausgarten bzw. als ausreichende Höhe gegen Verbiss durch Schafe und Rehe auf der Wiese. Bis zu dieser Höhe sollte man keine

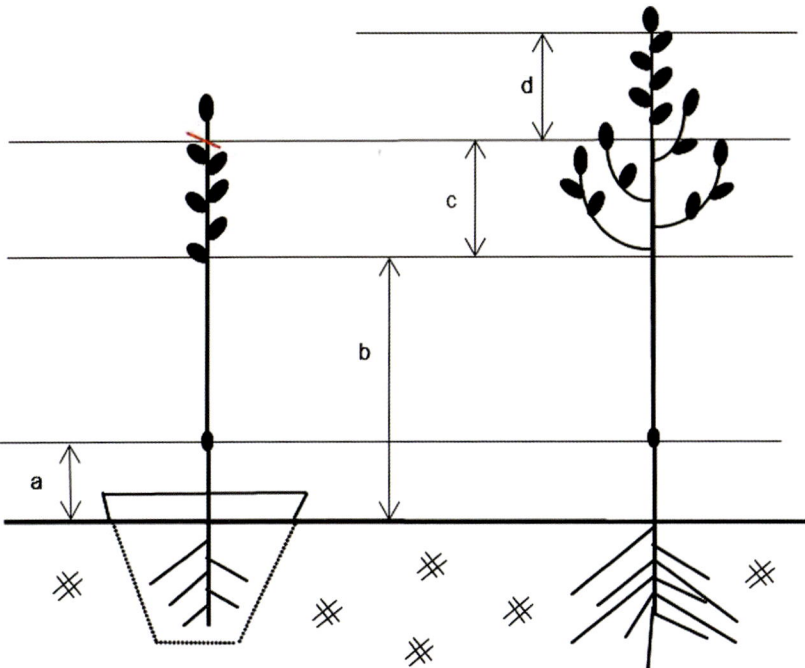

Triebe dulden oder die Knospen gleich ausbrechen, damit keine Wuchskraft vergeudet wird. Den Abschnitt c braucht man für die Bildung der zukünftigen Krone. Hier würde ich, sowohl für Busch als auch für Halb- bzw. Hochstamm etwa 60 Zentimeter empfehlen. Das bedeutet mathematisch ausgedrückt: Bei b+c wird die Triebspitze entfernt. Der Anschnitt des Triebes bewirkt den seitlichen Austrieb vieler Knospen. Die neue Spitzenknospe wird ganz bestimmt am stärksten austreiben. Um schon jetzt die Bildung von Konkurrenztrieben zu vermeiden, sollte man gleich zwei bis drei Knospen darunter ausbrechen.

So kann man schon in dieser Phase jede Vergeudung von Wuchskraft vermeiden. Aus den untersten Ästen kann man die Leitastebene aufbauen. Ab jetzt gilt, was im Kapitel „Baumschnitt" empfohlen wurde, auf flachwinklige Verankerung und ausreichenden Höhenversatz der zukünftigen Leitäste ist besonders zu achten. Maß d ist für die neue Spitze, die solange zurückgehalten werden muss, bis die Leitäste nachgerückt sind (Saftwaage, Skizze rechts). In diesem Bereich kann man auch, bei Bedarf, weitere Leitäste ziehen. Bei Buschbäumen kann man im Bereich c eine kleine Spindel aufbauen. Manchmal bildet das Bäumchen, auch ohne den brutalen Schnitt bei b+c, von alleine Seitentriebe. Ich nehme sie dankbar an und bändige nur noch den Mitteltrieb.

Nachteil der Methode: Der Stamm ist anfangs unverhältnismäßig lang und sehr dünn. Da er sehr biegsam ist, muss er mehrere Jahre gestäbt sein. Ein Pflanzpfahl ist in dieser Phase auch unbedingt erforderlich.

Vorteil: Es geht sehr schnell, bei einem meiner Zwetschgenbäume hat die Veredelung den Wettlauf mit dem Mutterbaum (beim Kronenvolumen!) gewonnen. Das Edelreis stammt vom Pflanzschnitt. Die Leitäste sind genau dort verankert wo ich sie haben möchte.

Wenn man einen eingewurzelten bzw. einen alten Baum im Freiland umveredeln möchte, können die Edelreiser ebenfalls bei Saftruhe, am besten Ende Januar/Anfang Februar, geschnitten werden. Wenn man zu diesem Zeitpunkt direkt veredeln würde, so wäre die Schnittstelle ein paar Wochen lang allen Risiken ausgesetzt. Ich verschließe das untere Ende der Reiser mit künstlicher Rinde und deponiere sie in einer Mulchschicht aus Fichtenreisig. Sie schimmeln- und vertrocknen dort nicht und bleiben sauber. Wenn die Knospen am Baume sichtbar schwellen, etwa ab April, geht es los.

Beim Zuschneiden der ruhenden Edelreiser kann man sich Zeit lassen (sie sind ja noch in Saftruhe) und man sollte das zuerst tun. Ganz anders beim Zuschneiden der bereits im Saftfluss befindenden, ausgewählten Stellen am Baum. Hier könnte die Wundreaktion des verletzten Triebes bzw. Astes Probleme machen. Wenn sich die Rinde der Schnittwunde zu verfärben beginnt, gelingt die Veredelung höchstwahrscheinlich nicht mehr. Hier muss man schnell sein. Man kann veredeln solange die Rinde der Edeltriebe noch grün ist, auch zu einem späteren Zeitpunkt. Dann schneide ich ein paar Zentimeter am unteren Ende der Reiser ab und stelle sie paar Tage lang ins Wasser. So sind mir selbst noch Ende Mai/Anfang Juni mehrere Veredelungen durch Kopulation gelungen. Auch hier muss nach der Veredlung gestäbt werden. In sehr vielen Büchern wird ein brutaler Rückschnitt (Abwerfen der Krone) vor der Umveredelung empfohlen. Ich bin da mit dem Baum etwas rücksichtsvoller, indem ich mir günstig positionierte Triebe aussuche, darauf veredle und den Erfolg der Veredelung erstmal abwarte. Wo die Veredelungen gelungen sind, schneide ich das alte Astmaterial, über mehrere Jahre verteilt, stufenweise zurück und fördere gleichzeitig das neue. So wird der Baum ganz bestimmt keinen Schaden nehmen und er merkt fast nicht dass er umveredelt worden ist. Für Habitus und statisches Gleichgewicht der Krone kann ich später noch sorgen.

Flach verankerte Leitäste führen zu einer standfesten und breiten Krone. Die Stammhöhe bestimme ich selbst.

Dasselbe Bäumchen im belaubten Zustand. Sechs Jahre nach der Veredelung war es größer als der Edeltriebspender, der musste zuerst mal Wurzeln fassen.

Obstgehölze pflegen

Alternanz und Gegenmaßnahmen
Das Phänomen der Alternanz dürfte vielen Menschen bekannt sein. Sie beobachten, dass der meist alte oder unterernährte Baum nur jedes zweite oder dritte Jahr Obst in größeren Mengen trägt. Meistens hängt das Obst in solchen Jahren so dicht am Baum, dass nur grünschaliges, hartes und geschmackloses Zeug geerntet werden kann. Man kann auch beobachten, dass sich viele Früchte – besonders bei kurzstieligen Sorten und meistens kurz vor der Reife – gegenseitig abdrücken oder an den Druckstellen faulen. Zu diesem Zeitpunkt hat der Baum sich aber schon mit seiner Last verausgabt. Im Folgejahr blüht er nur wenig und trägt gar kein Obst oder nur einzelne Früchte, dann aber von hervorragender Qualität.
Ich hatte an einem uralten Pfirsichbaum in 12 Jahren nur zwei Ernten. In mageren Jahren gab es nur Obst zum Kosten. Liebhaber finden sich damit ab und meinen das sei normal und dass man nichts dagegen tun könne. Und ob!
Zuerst muss man den Baum durch einen Verjüngungsschnitt in das physiologische Gleichgewicht bringen, das heißt, er muss jedes Jahr erkennbaren Neutrieb (eigentlich Fruchtholz) ansetzen. Eine gute Ernährung durch vorsichtige Düngung ist selbstverständlich Grundvoraussetzung.
Wenn der Baum nach dem Junifruchtfall – d.h. Abstoßen der unbefruchteten Früchte – noch immer ungewöhnlich viel Obst trägt, so kann man einen Teil davon entfernen. Das nennt man Fruchtausdünnen oder kurz Ausdünnen. Hierbei wird ein Teil der Früchte eines Blütenbüschels (Bukett klingt edler, hat aber die gleiche Bedeutung) schonend entfernt.
Wer viel Zeit hat, kann zuerst nur zwei bis drei Früchte entfernen und etwa zwei bis drei Wochen später in einem zweiten Arbeitsgang weitermachen. Bei extrem kurzstieligem Obst sollte man nur eine Frucht

pro Bukett belassen, bei langstieligen Sorten auch zwei Früchte. Damit verringert man die Belastung des Baumes und erhält Obst von bester Qualität.

Bei sortentypisch großer Frucht sollte mindestens ein faustbreiter Abstand zwischen zwei Früchten und pro Frucht etwa zwanzig Blätter vorhanden sein. Hier kann man die Bedeutung des Begriffes „Faustregel" wörtlich nehmen. Selbstverständlich belässt man beim Fruchtausdünnen nur die schönsten Früchte am Baum.

Oftmals hängen die fruchttragenden Äste bogenförmig nach unten. Um die Hebelwirkung abzuschwächen, entferne ich vorzugsweise das Obst aus dem Bereich der Astspitze. Da die Blätter in diesem Bereich für einen regen Saftfluss sorgen, verbessert sich die Nahrungszufuhr der weiter hinten verbliebenen Früchte.

Neuere Erkenntnisse weisen darauf hin, dass der überreiche Fruchtbehang auf hormonale Art und Weise (die Kerne bilden ein Hormon mit dem das Wachstum reguliert wird und auch weniger neue Fruchtknospen gebildet werden) dafür verantwortlich ist, dass der Baum im Folgejahr kaum blüht.

Kleine und abgestorbene Blätter signalisieren den schlechten Zustand des Baumes.

Das wäre ein Grund mehr, weshalb man während der Blütezeit schneiden könnte. Hierbei geht es um das Entfernen überreich vorhandener Blüten. Man sollte aber zuerst mit Ausdünnen und Düngen experimentieren, bevor man in diesem Sinne Fruchtholz und Blüten entfernt.

Kurz formuliert, macht ein alternierender Obstbaum folgendes: Er produziert in einem Jahr viel Obst und im Folgejahr, wenn überhaupt, nur Holz. Wenn dann noch Wetterkapriolen dazwischen kommen und auch die seltenen Ernten ausfallen, kann es dem unschuldigen Baum passieren, dass er das Feld räumen muss.

Ganz böse ist die Reaktion der Liebhaber beim Ausdünnen der Früchte. Sie verstehen nicht, warum man gerade in einem Jahr mit erfreulich hohem Ertrag und nach jahrelanger Wartezeit einen Teil der erhofften Ernte wegwerfen soll. Über die Fruchtqualität machen sich diese Personen wenig Gedanken.

Regelmäßiger Ertrag von guter Qualität, selbst nach Wetterkapriolen, wird von ihnen nicht honoriert. Sie schimpfen einfach weiter...

Mein uralter Pfirsichbaum alterniert nicht mehr: Düngen, bewusster Obstgehölzschnitt und Fruchtausdünnung haben als Hilfsmaßnahmen ausgereicht.

Manche Sorten werden als typische Alternanzsorten abgestempelt. Dass kommt vielleicht daher, dass man diese Sorten meistens als Halb- und Hochstämme mit großer Krone nur bedingt ausdünnen kann – wenn das überhaupt jemanden interessiert haben sollte. Sie alternieren dann eben. Man kann nicht jedem alten Baum das Alternieren abgewöhnen, man kann es aber abschwächen. Obst von bester Qualität ist sowieso unser höchstes Ziel.

Auch hier gilt eine Ausnahme: Bei Birnenquitten können die Früchte so groß und schwer werden, dass mit ernsthaftem Astbruch zu rechnen ist.

Anmerkung: Wissenschaftlich streng betrachtet ist Alternanz genetisch bedingt (z.B. bei ´Boskoop´) und kann von Hobbygärtnern nicht beeinflusst werden. Hier beziehe ich mich nur auf schwankende Erträge aufgrund von Unterernährung und Verwahrlosung.

Naturgemäß düngen
In der Natur wird die organische Substanz (z.B. Kuhfladen, Blätter, Gras, usw.) an der Oberfläche von spezialisierten Kleinlebewesen und Mikroorganismen verarbeitet und die Nährstoffe vom Regen in das Erdreich geschwemmt. Man sollte diese natürliche Düngemethode unbedingt nachahmen!
Dünger wirkt so ähnlich wie Medizin: Wenn man die ganze Packung auf einmal zu sich nimmt, kommt der Notarzt. Darum sollte man das Düngen auf mehrere Zeitpunkte verteilen. Überdüngung ist genau so gefährlich wie Nährstoffmangel!
Auf die Baumscheibe wird im Dezember ganz wenig Gartenkalk gestreut, wenn überhaupt. Basaltmehl enthält etwa acht Prozent Kalk und das reicht meistens schon. Im zeitigen Frühjahr kann man die Baumscheibe lockern und mit einer Schicht Rohkompost oder Komposterde abdecken. Der Baumstamm selbst sollte nicht in Verbindung mit organischem Material kommen. Diese Materialien speichern Feuchtigkeit und könnten somit eine schädigende Wirkung haben. Die für die Aufnahme der Nährstoffe zuständigen Feinwurzeln befinden sich sowieso weiter weg vom Stamm.
Frisch verpflanzte Bäumchen sollte man nur mäßig, aber regelmäßig düngen. Gleiches gilt für die Dauer des Jugendstadiums. Bei Halb- und Hochstämmen sind das etwa die ersten zehn Jahre. Erst wenn sie Obst tragen, sollte man zusätzlich im Spätfrühling und vor dem Reifen der Früchte in mäßiger Dosis düngen.
Bei Halb- und Hochstämmen auf Wiesen oder Rasenflächen sollte man wenigstens das gemähte Gras liegen lassen. Das stetige Entfernen des Schnittgutes bewirkt ein Abmagern des Bodens und führt zur Unterernährung der Bäume.
Ein guter Naturdünger ist – in der Mischung mit anderem organischen Material vorkompostierter – Pferde- oder Kuhmist. Man kann ihn am besten im Vorfrühling gleichmäßig auf die Baumscheibe verteilen. Die Wirkstoffe werden in den Boden sickern und stehen den Bodenmikroorganismen und den Wurzeln nachhaltig zur Verfügung.
Im Sommer kann man die Prozedur bei fruchttragenden Bäumen wiederholen. Besser stetig düngen als einmal mit zu hoher Dosis. Lassen

Sie das halbverrottete Material an der Oberfläche liegen. Vorkompostierter biologischer Dung in Form von Granulat aus dem Handel ist geruchlos und dürfte überall salonfähig sein.
Auf ähnliche Weise vorkompostierter Vogelmist ist sehr gut, er ist aber hochkonzentriert und man kann sich sehr leicht in der Dosis verschätzen.
Verdünnte Jauche aus Brennnesseln oder anderen Kräutern kann man auch verwenden. Sie enthält viele Wirkstoffe. Selbst Tee und Kaffe können in verdünnter Gabe wahre Wunder wirken. Man darf aber nicht vergessen, dass diese Mittel fast kein organisches Material enthalten. Für die Herstellung von Jauche fehlen mir Zeit und Raum. Mit der richtigen Dosierung und Anwendung habe ich auch so meine Probleme. Darum decke ich die Baumscheiben mit den Krautpflanzen ganz dünn ab. Den Rest überlasse ich der Natur.
Eine Mulchdecke aus kompostierbarem Material (keine Küchenabfälle!) ist ideal. Eine Mischung aus zerkleinertem Reisig, Gras, allerlei Kräutern, Blättern, usw. kann hier verwendet werden. Diese Technik nennt man Kompostierung in der Fläche und sie ist der Kompostierung im teuren Komposter vorzuziehen, da die Wirkstoffe direkt ankommen und nicht in einer ungenutzten Ecke versickern könnten.
Das gehäckselte Holzmaterial lockert die Struktur und sorgt somit für eine gute Durchlüftung der Abdeckschicht. Dünn ausgebreiteter Gras- oder Rasenschnitt kann wieder zur Erneuerung der Schicht verwendet werden.
Viele Gärtner sind von der Verwendung des zerkleinerten Astmaterials nicht begeistert, da sie befürchten, dass der Boden alkalisch werden- bzw. der Verrottungsprozess des Holzes dem Boden Stickstoff entziehen könnte. Beides stimmt, aber man kann diese Nebenwirkungen durch regelmäßiges Beimischen von groben Hornspänen oder reichlichen Mengen vorgetrockneten Grases neutralisieren. Warum grobe Hornspäne? Weil sie sich langsam zersetzen und dadurch länger und gleichmäßig dosiert wirken.
Die Mulchschicht wirkt nicht nur als Dünger. Der Boden bleibt locker und feucht, er verkrustet nicht durch Regen und Trockenheit und bleibt von den gröbsten Temperaturschwankungen verschont. Eine unge-

An einem heißen Sommertag erreicht die Temperatur des Bodens gerade mal 24 Grad Celsius. Auch über Sommer schütze ich die Stammbasis gegen eventuelle Feuchtigkeit aus der Abdeckschicht.

schützte Bodenfläche heizt sich im Sommer bei Sonnenschein bis etwa plus 60 Grad Celsius auf (man kann das barfuß auf Steinen oder Betonplatten überprüfen) und das genau dann, wenn die Pflanze mit dem größten Wasserverlust konfrontiert ist. Wie soll sie da gedeihen? Eine durch Mulchmaterial geschützte Baumkrone erreicht an einem sehr heißen Sommertag vielleicht plus 30 Grad Celsius. In fünf Jahren systematischer Beobachtung fand ich einen Rekordwert von plus 27 Grad Celsius. Die Feinwurzeln unter der obersten Erdschicht haben dabei noch keine Probleme.

Im Winter bleibt der Boden relativ warm und die Bodenlebewesen können ihre Tätigkeit fortführen. Gleiches gilt für die Wurzeln des Baumes. Im Frühjahr erwärmt sich der Boden nicht so sprunghaft, der Baum blüht dadurch etwas später und die Ausfälle durch Frühjahrsfröste sind unwahrscheinlicher.

Holzschädigende Pilze, die sich im Erdreich aufhalten, werden nicht mehr vom Regen an die Stammrinde gesprüht und können sie nicht mehr angreifen.
Beim Abdecken der Baumscheibe sollte man darauf achten, dass das feuchtigkeitsspeichernde Material die Baumrinde nicht dauerhaft berührt, da es gefährliche Fäulniserreger fördern könnte. Man kann einen ringförmigen Abstandshalter aus einem schmalen Streifen Hasendraht um den Stamm anbringen.
Etwa drei bis fünf Zentimeter Schutzabstand müssten bei einem jungen Baum ausreichen. Nach ein paar Jahren braucht man nicht mehr so vorsichtig zu sein. Mit einem Abstand von 20 bis 30 Zentimeter zum Stamm ist man dann, auch ohne Abstandshalter, auf der sicheren Seite. Die für die Nahrungsaufnahme zuständigen Feinwurzeln befinden sich sowieso etwas weiter weg vom Stamm.
Die Gärtner jammern im Chor, wenn es im Sommer nicht regelmäßig regnet. Wer seinen Garten abdeckt, kann sich diesbezügliche Sorgen sparen. Das tägliche Gießen kann auch entfallen.
Die Abdeckschicht sollte idealerweise bei gut durchnässtem Boden, z.B. nach einem kräftigen Regenguss, ausgebracht werden.
Man sollte auch bedenken, dass die Mulchschicht nur die vorhandene Feuchtigkeit konservieren kann. Wenn es über mehrere Wochen nicht regnet, muss man trotzdem gießen. Hierzu kann man die Mulchschicht an gewünschten Stellen mit einem spitzen Gegenstand durchstoßen oder an einzelnen Stellen wie gewohnt vorgehen. Der Gießkopf hat Pause.
Andererseits kann es nach einer langen Regenperiode vorkommen, dass sich die Mulchdecke verdichtet und sich Schimmelpilze bemerkbar machen. In diesem Falle könnten die Bodenlebewesen und die Wurzeln zu wenig Luft bekommen und Schaden nehmen. So habe ich schon gelegentlich nach drei Wochen Regenwetter die Hälfte des Mulchmaterials entfernt und die andere Hälfte gründlich gelockert.
Wenn nur die Baumscheiben abgedeckt werden und der Rest der Gartenfläche konventionell bearbeitet wird, kann es geschehen, dass dadurch, besonders im Spätherbst, Wühlmäuse angelockt werden.
Für Amseln ist eine Mulchdecke die reinste Provokation. Sie finden

darin und darunter jede Menge leckeres Futter. Das gönne ich ihnen ja – ich höre gerne dem allabendlichen Disput der Revierinhaber zu – aber sie zerscharren das Material und schleudern es auseinander. Dadurch kann man den Stamm nicht mehr von Feuchtigkeit speicherndem Material frei halten. In kritischen Zonen, z.B. am Wegesrand, in windiger Lage und an ganz jungen Bäumchen, decke ich die Mulchschicht mit Kaninchendraht ab und dann ist Schluss mit scharren. Ich habe beobachtet, dass die Amseln langfaseriges Material (z.B. ganze Brennnesseltriebe, lange Grashalme, Heckenschnittgut, usw.) nicht zerscharren.

Die Samen der Bartnelken habe ich mit dem Grasschnitt von der Wiese in den Blumengarten eingeschleppt.

Das Abdecken der Gartenfläche wird oftmals als eine Vorgehensweise von arbeitsscheuen Gärtnern verspottet. Wer aber die Abläufe in der Natur nachahmt – siehe Blätterdecke im Wald – ist nicht faul und bequem, sondern lernfähig. Ein abgedeckter Garten ist nicht schön, sagen viele Gärtner. Was sagen denn da die Nachbarn? Die Nachbarn kümmern sich weniger um unseren Garten als wir annehmen! Der abgedeckte Garten passt bloß nicht in die ästhetischen Vorstellungen dieser Personen. Aber was ist Schönheit? Vielleicht ein Garten mit gesunden Pflanzen!? Durch ausreichendes Abdecken hat auch hartnäckiges Beikraut fast keine Chance mehr. Wenn doch mal ein langgestrecktes Pflänzchen den Durchbruch schafft, so kann man es einfach auszupfen.

„Der Regenwurm ist der beste Freund des Gärtners", weiß der bewusst schaffende Mensch. Der rege Wurm ernährt sich u.a. von zersetztem Pflanzenmaterial. Unter der Mulchdecke findet er viel Nahrung und kann fast das ganze Jahr über „werkeln". Es ist bekannt, dass die Feinwurzeln der Bäume in die mehrere Meter tiefen Bodenkanäle der Würmer vordringen. Da ich selbst in festester und mergeliger Erde viele und beeindruckend große Regenwürmer gefunden habe, nehme ich an, dass sie den Baumwurzeln die Entwicklung unter schwersten Bedingungen ermöglichen oder wesentlich erleichtern. Daraus folgere ich, dass man auch auf diesem Wege – d.h. Regenwürmer mit Mulchdecke anlocken – die Entwicklung eines Obstbaumes unterstützen kann.

Wenn sich der Klimawandel weiterhin so beharrlich bestätig, wird in unseren Breiten Gartenbau nur noch mit mulchen möglich sein. Wer sich nicht dazu überwinden kann, sollte seinen Garten vergessen!

Damit der Neutrieb besser ausholzen kann, wird in der Fachliteratur eine Kaliumdüngung im Spätsommer empfohlen. Holzasche enthält viel Kali. Andererseits wird vor der Verwendung von Holzasche gewarnt, da das Holz der letzten Jahrzehnte viel Cadmium, Blei und Kupfer gespeichert haben könnte. Wenn man nur jungen Holzschnitt häckselt und einer Mulchschicht beimischt, so ist für ausreichend Kaliumdünger gesorgt und man braucht sich wegen einer eventuellen Belastung durch langfristig gespeicherte Schwermetalle keine Gedanken machen.

Vorsicht: Kaliumüberschuss führt bei Apfelbäumen zu erhöhter Stippeanfälligkeit, da die Kalziumaufnahme erschwert wird! Kaliumüberschuss kann auch zur Hemmung der Aufnahme von weiteren Mineralsalzen führen, was schwere Schäden hervorrufen kann.

Wurmkot ist in seiner chemischen Zusammensetzung und dem Inhalt an Nährstoffen unübertroffen. Man kann ihn im Herbst mit viel Geduld sammeln und auf die Baumscheibe verteilen. Eine von mir daraus angerührte Brühe hat auf der Baumscheibe eine feste Haut gebildet. Nachdem sie mehreren Regengüssen getrotzt hatte, habe ich sie mit dem Rechen zerschlagen und in das Erdreich eingearbeitet.
Tonmehl (Bentonit mit seinem Hauptbestandteil Montmorillonit) und Gesteinsmehl (Basalt, Granit, Quarz) enthalten wichtige Spurenelemente (Jod und andere; Gras fressenden Haustieren gibt man einen Leckstein!) die das Bodenleben aktivieren und somit für das Wachstum der Bäume absolut förderlich sind. Tonmehle speichern viel Wasser. Auf diese stabilisierende Wirkung möchte ich nicht verzichten. Ich streue jedes Jahr ein wenig Tonmehl auf die Baumscheiben (besonders bei Sandboden) und ab und zu in den Komposter. Mit Gesteinsmehl pudere ich den ganzen Garten regelmäßig ein.
Mit der Dosis kann man sich hier nicht verschätzen. Bentonit wird an der Oberfläche nach dem Regen schmierig und kann an den Schuhen sehr lästig werden, also bitte in den Boden einarbeiten.
Den Ernährungszustand eines Baumes kann man an der Farbe und der Größe der Blätter erkennen.
Ein gesundes Blatt ist dunkelgrün, fest, etwas rau und groß. Den Unterschied merkt man deutlich nach einem Verjüngungsschnitt: Die Blätter an aufstrebenden Trieben sind auffallend größer als jene am alten Holz. Ganz deutlich habe ich das an einer Veredlung gemerkt, woran die Blätter viel größer waren als jene vom direkt daneben stehenden Mutterbaum. Den Grund dafür vermute ich in der Tatsache, dass die Veredlung im ersten Jahr eine kräftige Unterlage, aber nur etwa ein Duzend Blätter hatte. Dementsprechend gut war dann auch ihre Versorgung mit Nährstoffen. Seitdem ich meinen Garten regelmäßig dünge, sind die Blätter am alten Mirabellenbaum größer als vorher.

Fruchtbare Böden auf Streuobstwiesen

Auf mageren Wiesen, wenn über Jahrzehnte das Gras gemäht und konsequent entfernt wird, können Obstbäume verhungern. Wenn die Wiese zu fett wird, so dominieren wenige Pflanzenarten und das ist auch nicht gewollt. Die bunte Vielfalt nimmt ab.

Die schönsten Wanderwege liegen oftmals so nahe.

Die Kräuter und Gräser beginnen ihr Wachstum nicht alle gleichzeitig, manche sind hochwüchsig, andere kleinwüchsig und der Kampf ums Überleben wird brutal. Die hochwüchsigen Kräuter nehmen den anderen das Licht weg und diese haben überhaupt keine Chance wenn nicht rechtzeitig gemäht wird. Die Bodenbrüter brauchen im Frühjahr Ruhe, die Insekten und Lurche brauchen Schutz, die Greifvögel kommen nur an ihre Beute ran wenn das Gras kurz ist, manche Singvögel brauchen den Dung von grasenden Tieren – der Wiedehopf braucht Maden aus Kuhfladen für die Aufzucht seiner Brut – andere den Samen der Disteln, Brennnesseln sind Futterstelle für wunderschöne Schmetterlinge, usw. usw.. Welcher Naturfreund kann diesen breit gefächerten bzw. sogar gegensätzlichen Anforderungen und Bedürfnissen Rechnung tragen? Nur keinen Eingriff zum falschen Zeitpunkt. Nur kein unnötiges Werkeln, keine unnötige Störung. Das Ergebnis bzw. die Reaktion muss genau beobachtet werden.

Ich mähe nur die Baumscheiben sowie die Zugangspfade und das so selten wie vertretbar. Die Grasstoppeln bleiben so lange wie möglich stehen und das Schnittmaterial bleibt liegen. Primeln und Klee danken es mir. Erst ab Mitte Juni sollte man übers Mähen der Fläche nachdenken oder Schafe kurz aufs Gelände lassen. Distel-Kolonien lasse ich gezielt stehen, der Distelfink kommt später zu Besuch.

Ich teile meine Wiese in drei Zonen ein.

Zone 1: Dort wo ich häufig Zutritt brauche wird nach Bedarf gemäht und später wachsende Kräuter bekommen ihre Chance. Sie werden beim nächsten Arbeitsgang verschont.

Zone 2: Es wird im Juli bis August gemäht. Das Material bleibt liegen.

Zone 3: Es werden nur Brennnesseln und Brombeersträucher von Hand gemäht.

Die Zonen zwei und drei verschiebe ich geringfügig von Jahr zu Jahr, bis sich der Kreis schließt. Dort wo nicht gemäht wird, wächst das Gras ca. 1,40 Meter hoch, knickt später um und deckt den Boden ab.

Dadurch ist er gegen alle Widrigkeiten des Winters geschützt. Die Nährstoffe bleiben vor Ort. Die Schicht aus umgeknicktem Gras bleibt luftig und schimmelt bestimmt nicht. Die verbliebenen Triebe von Brombeeren, Schlehen, Weißdorn und die Zwetschgenschösslinge sind im Spätherbst bzw. im Winter gut sichtbar und werden systematisch entfernt. Man kann nicht immer nur ernten ohne zu düngen. Wenn Reisig gehäckselt wird oder Heckenschnitt anfällt, streue ich das Material dort aus wo das Gras gerade gemäht worden ist. Wenn Blätter von Obstbäumen dabei sind, kommt Material vom Steinobst auf die Baumscheiben der Kernobstbäume und umgekehrt. Im zeitigen Frühjahr kommt ein Teil der holzigen Anteile aus dem Kompost auf die Baumscheiben der jungen Bäume (die ersten fünf bis zehn Jahre), der andere Teil wird zur Infizierung in den neuen Komposthaufen untergemischt.

Bei nächster Gelegenheit kommt gemähtes Gras auf diese Baumscheiben und es wird mit dem holzigen Material vermischt. Im Spätsommer sieht man von den holzigen Stückchen nichts mehr. Ich habe z. B. schon Gras vom Rande der Zufahrtswege mit der Schubkarre auf die Wiese gekarrt. Ich kann nur hoffen, dass kein zufälliger Beobachter auf die spontane Idee kommt, den Notarzt zu rufen...

Wenn sich die jungen Bäume durchgesetzt haben, wird nur noch die ganze Fläche gedüngt. Pressrückstände von der Kelter können ganz dünn im Spätherbst auf die Wiese gestreut werden (macht sauer), im Winter folgt abgestandener Stallmist, Gesteinsmehl und ein wenig Holzasche (macht alkalisch).

Vorsicht: Wenn man Schafe auf die Wiese lässt, sollte man nichts ausstreuen oder liegen lassen, an dem sich die Tiere verschlucken könnten oder sonst wie zu Schaden kommen könnten. Jede Aktion muss vorher mit dem Schäfer abgestimmt werden!

Rehe bitten auch nicht um Zutritt...

Bei großer Hitze ist es am besten man hat vorher gar nicht gemäht. Die Blätter der Bäume verschließen ihre Atemporen bei Temperaturen ab etwa 30 Grad Celsius. Dadurch schützen sie sich vor Wasserverlust. Wenn das Gras auch diesen Schutzmechanismus hat, wie ich vermute, wäre es besser, man lässt es stehen. Auf einigen meiner Baumscheiben ist das ausgestreute Gras im Hochsommer derart geschrumpft, dass der Boden darunter fast kahl geworden ist, auch weil unter der Mulchschicht kaum etwas nachgewachsen ist. Meine vorherige Mühe war also kontraproduktiv. Glücklicherweise hielt die Dürre nicht lange an, im Sommer 2003 wäre es kritisch geworden. Der Graspelz an anderen Stellen war da viel nützlicher.

Armer Baum! Zweifelt hier noch jemand ob etwas getan werden muss? Die Austriebe an der Stammbasis sind klare Zeiger der Misere.

Synthetische Dünger

Sie wirken sofort, da sie größtenteils wasserlöslich sind. Die Wirkung könnte aber schnell verpuffen und der Baum kann trotzdem durch Nahrungsmangel leiden. Überspitzt ausgedrückt: Die Ernährung aus der Infusionsflasche nutzt dem Patienten überhaupt nichts, wenn man ihn später hungern lässt. Übrigens, die häufigste Abgangsursache bei alten Obstbäumen ist verhungern. Die wasserlöslichen Nährstoffe versickern schnell, zumal nach lang anhaltendem Regenwetter, in tiefere Bodenschichten und sind somit für den natürlichen Kreislauf verloren. Man findet sie später in Trinkwasser führenden Erdschichten wieder: Nitrat vergiftetes Wasser wird langsam zu einem ernsthaften Problem.

Diese Dünger enthalten meistens Substanzen mit einer übersichtlichen chemischen Formel. Die Frucht eines Obstbaumes besteht aber aus organischem Material mit einer sehr komplizierten Zusammensetzung. Die Zahl der bereits entdeckten Substanzen in einem Apfel ist beeindruckend: Einige Tausend. Ebenso komplex sollte die Ernährung des Baumes sein und nicht so schmalbandig wie auf Stickstoff, Phosphor, Kalium und ein paar anderen chemischen Elementen basierende Kunstdünger. Außerdem ist bekannt, dass der hohe Anteil der Rückstände (z.B. Salzsäure) aus synthetischem Dünger langfristig das Bodenleben schädigt.

Mein Fazit: Es lebe der rege Wurm!

Wunder gibt es immer wieder ... man muss es nur glauben!

Ich beobachte seit Jahren ein paar junge Bäume, die auf kargem Sandboden, ohne düngen, gießen und andere Bemühungen um fruchtbaren Boden wunderbar gedeihen. Mir werden gelegentlich solche Gegenbeispiele genannt, wenn ich eine stetige Düngung empfehle. Wenn man sich das Umfeld dieser Bäume aber etwas genauer ansieht, dann merkt man, dass etwa zwei bis drei Meter daneben ein Komposthaufen ist oder ein gut gedüngtes und gepflegtes Blumenbeet.

Nun, es ist bekannt, dass ein Baum seine Wurzeln auf Nahrungssuche schickt, oftmals sogar über weite Strecken. So findet er manchmal selbst Nahrung und kann sich auch ohne direkte Hilfe des Gärtners hervorragend entwickeln. Deshalb lasse ich mir aber nicht das Wort im Munde verdrehen...

Obstbäume und Rasen

Obstbäume und Rasenflächen vertragen sich sehr gut wenn man den frisch gepflanzten Bäumchen eine Chance gibt und dem Rasen natürlich auch. Buschbäume brauchen immer eine grasfreie Baumscheibe. Halb- und Hochstämme brauchen sie etwa die ersten fünf Jahre nach

Es gibt sie noch: Verstreut stehende Bäume prägen das Landschaftsbild im Bliesgau.

der Pflanzung, danach kann man die Rasenfläche wieder zuwuchern lassen. Das heißt aber nicht, dass man danach Baum und Rasen sich selbst überlassen kann.

Beide brauchen Nahrung durch fruchtbaren Boden: Erstens sollte man sich darüber Gedanken machen, ob man den Rasen (zumindest unter der Baumkrone und im unmittelbaren Bereich) auch ohne Fangkorb mähen könnte. Zweitens sollte man darüber nachdenken, ob man den Rasen nicht etwas länger stehen lassen sollte, damit sich der Boden im Sommer nicht so aufheizt und vertrocknet.

Drittens kann man im Spätherbst den Rasen kurz mähen und danach fein gesiebten Kompost und Gesteinsmehl (eventuell mit Tonerden) auf die ganze Fläche verteilen. Über Winter haben diese Gaben viel Zeit um vom Regen in den Boden geschwemmt zu werden – auch bis zu den Baumwurzeln unterhalb der Rasenschicht. Damit hat man sowohl den Rasen als auch den Baum ernährt. Im Frühjahr werden beide es dem Gärtner durch kräftigen Wuchs danken.

Viele Gärtner haben geradezu eine panische Angst vor Unkrautsamen im Kompost – so als hätten sie vorher nie Unkraut im Garten gehabt?! Wer von dieser Angst geheilt werden möchte, kann den Kompost in Wasser verrühren, die Flüssigkeit durch ein Tuch sieben und damit den Rasen bzw. den Baum gießen. Die fertige Flüssigkeit aber restlos verbrauchen, da sie ganz bestimmt fault.

Dieser Trick ist aber nicht ganz im Sinne der Natur, da nur die wasserlöslichen Anteile des Kompostes genutzt werden und fast nichts zur Entstehung von fruchtbarem Boden geschieht. Gesteinsmehl und Tonerden kann man bedenkenlos einsetzen.

Stammschutz

Bei borkigen Rinden kann man eine streichfähige Paste aus etwa 40 Prozent Kalk und etwa 60 Prozent Lehm oder Tonerde, Wasser und

Der Stamm wird von vertrockneten Platten befreit.

Die Paste aus Lehm und Kalk wird aufgetragen.

Silikatgrund anwenden. Leicht abstehende Borkenplatten sollte man vorher mit einem Spachtel oder einem stumpfen Messer schonend entfernen. Ansonsten gelten alle Regeln wie unter dem Kapitel „Obstbäume pflanzen" beschrieben. Die Drahtbürste gehört nicht zum Werkzeug des Obstbauern! Moos und Flechten kann man mit einer Wurzelbürste entfernen.

Alt und gebeugt
Wann ist ein Obstbaum alt? Das hängt ganz von der Sorte, der Wurzelunterlage, dem Ernährungszustand und der Verträglichkeit zum Standort ab. Süßkirschen, Birnen und einige Apfelsorten schaffen leicht 150 Jahre. Wenn sie aber über Jahrzehnte nicht gepflegt werden, dann sehen sie früh alt aus.

Das ist ein schöner Baum, aber nur wenn er belaubt und der Betrachter weit genug entfernt ist.

Oftmals sehe ich Ruinen mit einem etwa zweieinhalb bis drei Meter hohen Stamm. Danach folgen ein paar dicke Aststummel (meistens eine Folge von Astbrüchen) mit vielen dünnen und herabhängenden Fruchtruten. Weiter oberhalb folgt ein kahles Stück Stammverlängerung und in unerreichbarer Höhe ein Wirrwarr kurzer und tief herabhängender Fruchtäste. Meistens steht der Baum auf einer Rasenfläche, die regelmäßig kurz gemäht und das Schnittgut fein säuberlich entfernt wird.

So vegetiert der Baum jahrzehntelang dahin und die Eigentümer schwärmen nichts merkend von ihrem hochgeschätzten Liebling, der langsam verhungert...

Wenn man diesen Baum mit gezielten Pflegemaßnahmen wie Düngen (im Spätherbst fein gesiebten Kompost und Gesteinsmehl ganz dünn auf den Rasen streuen!) und Verjüngungsschnitt mit erneutem Kronenaufbau in die Ertragsphase zurückholen möchte, werden plötzlich sehr viele Fragen gestellt. Die Eigentümer bangen nun regelrecht um die Zukunft des so heißgeliebten Baumes. Meistens wird man höflich von der Ruine ferngehalten und der Liebling darf, bis zu seinem vorzeitigen Abgang, weiterhin dahinvegetieren.

Mein Fazit: Viele Liebhaber sind ihren Liebling gar nicht wert!

Mit Bäumen sprechen

Darüber darf man schmunzeln. Tatsache ist aber, dass es weder den Bäumen noch den Obstbauern schadet. Wer aber mit seinen Bäumen spricht, wird sich höchstwahrscheinlich auch fürsorglich um sie kümmern. Ich habe die Erfahrung gemacht, dass man frisch gepflanzte Bäumchen wenigstens einmal pro Woche „Na wie geht's?" fragen sollte. Ob man dann eine gefüllte Gießkanne, Bindematerial, Pflegemittel für die Rinde oder gar nichts mitbringt, wird sich von selbst ergeben.

Mit menschlichen Problemen kann man sich auch an die Bäume wenden, denn sie widersprechen nicht und sind absolut verschwiegen.

Arbeitsschutz

Wenn das Obst in unerreichbarer Höhe hängt, sollte man mal über Baumschnitt nachdenken. Es sind schon 80-jährige Gärtner von der Leiter gefallen und jüngere im Rollstuhl oder ganz woanders gelandet... Man bekommt im Handel bis zu vier Meter lange ausziehbare Stangen und das dazu passende Schnitt- und Erntewerkzeug. Für die Leiter bekommt man passendes Zubehör zur besseren Verankerung im lockeren Boden. Nicht jede Leiter ist für den Garten geeignet.

Die Astsäge (Schwertsäge) ist ein respektforderndes Werkzeug, die Kettensäge wage ich gar nicht anzurühren. Man könnte noch viele Risiken aufzählen. Abgeschnittenes Material sollte man gleich entfernen. Banales Stolpern kann schon schmerzhafte Folgen haben.

Ganz besonders möchte ich auf die Risiken einer Lungenentzündung durch Schimmelpilze beim Umgang mit Kompost und dicken Mulchschichten hinweisen. Hier sollte man eine Staubschutzmaske tragen. Eine preisgünstige aus dem Baumarkt genügt, aber bitte nur einmal verwenden.

Vor Zecken kann man nicht genug warnen. Ich ziehe die Strümpfe/Socken über die Hosenbeine und binde sie darüber fest. Das hat bei mir bis jetzt gereicht. Die Zecken wandern aber geduldig, auch auf der Kleidung...

Parasiten und Krankheiten

Frostspanner und Fruchtwickler

Die Raupen des Frostspanners fressen im Frühjahr die Blätter der Obstbäume ab und schwächen somit den Baum nachhaltig. Die voll entwickelten Raupen lassen sich an einem hauchdünnen Faden zu Boden nieder und verpuppen sich im Erdreich. Im Spätherbst klettern die flugunfähigen Weibchen am Stamm hoch, werden dort begattet und legen ihre Eier (schön verteilt!) an den Knospen ab.
Und da ist ihr wunder Punkt: Mit einem Leimring kann man den Weibchen den Weg in die Krone verbauen. Man sollte auch achtgeben, dass die Spannerweibchen keinen Umweg über den Pflanzpfahl, Spalierdraht, usw. finden. Der Leim ist etwas steifer als die gewohnten Lasuren aus dem Heimwerkerbereich. Wenn man die Borsten eines Pinsels etwas einkürzt, kann man ihn sehr gut aus dem Eimer entnehmen und auf den Stamm schmieren. Bei borstiger Rinde kann man ihn auch mit dem Spachtel auftragen.
In manchen Jahren beginnen die Weibchen ihren Aufstieg in die Krone bereits in kühlen Augustnächten. Rechtzeitig aufgebracht, sollte man den Leimstreifen vom Spätsommer/Herbst bis ins Frühjahr hindurch durch wiederholtes Auftragen klebrig halten. In ihrer Verzweiflung legen die Frostspannerweibchen die Eier auch unterhalb des Leimstreifens ab und im Vorfrühling könnten die geschlüpften Räupchen über den inzwischen eingetrockneten Streifen kriechen und alle Mühe war für die Katz.
Bei dichtem Befall seilen sich kleine Räupchen (etwa zwei bis drei Millimeter lang) von hohen und ungepflegten Bäumen an einem langen Faden ab und lassen sich vom Wind durch die Gegend treiben. Somit ist kein Baum vor ihnen sicher. Man erkennt den Angriff an den hauchdünnen Spinnfäden in der Baumkrone.
Bei Befall kann man die Raupen an niedrigen Ästen zerdrücken oder spritzen. In der Abenddämmerung, bei mindestens plus 15 Grad Celsius Tagestemperatur, kann man mit einem biologischen Mittel auf Basis des Bacillus thuringensis oder mit einem Absud aus Wermut-,

Rhabarber-, Meerrettich- und Pfirsichblätter sprühen. Rhabarber- und Meerrettichblätter erscheinen im Frühjahr gerade rechtzeitig. Pfirsichbäume werden nicht vom Frostspanner befallen. Im Herbst kann man ein paar Blätter trocknen und bereithalten. Im Hausgarten kann man den im Boden verpuppten Insekten durch Hacken der Baumscheibe zu Leibe rücken.

Wenn die Bäume durch fruchtbaren Boden (Kompost plus Gesteinsmehl plus gepflegte Baumscheibe) ausreichend ernährt sind, und die Sorte an den Standort angepasst ist, vergeht den Raupen der Appetit, behaupte ich mal...

Die Ansiedlung von Singvögeln mit geeigneten Brutkästen und Wasserstellen ist alleine für sich schon die halbe Lösung des Problems.

Der Apfelwickler ist ein Schmetterling oder genauer ein Nachtfalter. Ursprünglich nur in Europa verbreitet, findet man ihn inzwischen weltweit. Er ist gräulich mit hellgrauen und kupferfarbenen Streifen auf den Flügeln. Die Flügelspannweite beträgt 14 bis 22 Millimeter. Er bil-

Aus dieser Made wird ganz bestimmt kein Falter.

In diesem Bau gehen einer falschen Braut bis zu zweihundert liebestolle Falter auf den Leim.

det meistens eine Generation im Jahr, die hauptsächlich im Mai und Juni fliegt. Unter günstigen Bedingungen kann in unseren Breiten eine zweite Generation auftreten, diese fliegt dann im August und September. Die weiblichen Falter legen 30 bis 60 Eier auf den Früchten oder den Blättern der Obstbäume ab.

Die Larven leben in den Früchten der verschiedensten Obstarten, meistens in Äpfeln, seltener in Quitten, Birnen, Kirschen, Pfirsichen, Edelkastanien, Walnüssen und Feigen.

Sie ernähren sich sowohl vom Fruchtfleisch als auch vom Inhalt des Kerngehäuses bzw. den Samen. Die Larven sind weißlich/gelblich mit schwarzem Kopf und werden mit der Zeit immer rötlicher. Sie befallen die Frucht im ersten Larvenstadium und ernähren sich von dieser etwa drei Wochen lang. Danach verlassen sie die Frucht, die aber nicht immer vom Baum abfällt, um sich zu verpuppen.

Die Überwinterung erfolgt im Kokon, entweder in der borkigen Rinde der Bäume oder im Boden.

Mit leckerem Futter kann man Vögel von den Bäumen weglocken.

In diesem Topf verbringen die Ohrwürmer den Tag.

Bei der biologischen Schädlingsbekämpfung setzt man auf die Verwirrmethode mit weiblichen Sexuallockstoffen und verschiedene natürliche Gegenspieler wie Ohrwürmer (findet man häufig in den Fraßgängen der Apfelwicklerlarve), Wanzen und Schlupfwespen.
Bei der Verwirrmethode werden die Männchen auf klebrige Leimstreifen gelockt. Dabei hängt man die Pheromonfallen aber besser am Rande auf, da die Männchen damit erst recht auf die Obstbäume gelockt werden könnten. Im Frühjahr 2010 sind in meinem Garten einer einzigen künstlichen Dame etwa 90 Falter auf den Leim gegangen. Sie kamen aber nur wenn die Nachttemperatur über plus zehn Grad Celsius war.
Die verpuppten Larven stellen eine willkommene Nahrung für Vögel dar. Hier könnten sich die Amseln nützlich machen, da sie hauptsächlich am Boden nach Insekten suchen. Alle Maßnahmen die diese „Nützlinge" fördern, tragen zur Regulierung des „Schädlings" bei. Da der Wickler nachts fliegt, ist er für jagende Singvögel eine schwierige Beute und kann nur tagsüber in seinem Versteck aufgespürt werden. Wo sind die Fledermäuse geblieben?

Der Mensch kann einen direkten Beitrag zur Regulierung erbringen, indem er das Fallobst regelmäßig einsammelt und entfernt, am besten abends, da zu dieser Tageszeit keine Wespen gereizt werden könnten. „Wurmige" Früchte können vom Baum im Zuge der Fruchtausdünnung (siehe Kapitel zur Alternanzreduzierung) entfernt werden, da daraus doch kein hochwertiges Obst wird. Die „wurmigen" Früchte bitte nicht kompostieren.

Diese Maßnahmen stören den natürlichen Lebenszyklus des „Schädlings" und mindern seine Ausbreitung. Da sich die Larven gerne in borkiger Rinde verpuppen, sollte man die Rindenpflege nicht vernachlässigen.

Über Blattläuse habe ich mich schon an anderer Stelle ausgetobt. Ich habe diese Parasiten an jungen Obstbäumen so satt, dass ich die Leimstreifen das ganze Jahr über klebrig halte!

Fallobst und Fruchtmumien

Im Frühjahr stößt der Baum alle unbefruchteten Fruchtkörper ab. Dieser Vorgang ist normal und sollte bis Ende Juni abgeschlossen sein. Danach fällt aber immer noch Obst ab, meistens ist es angefault. Manche Experten vermuten, dass die Fäuliserreger im Fallobst auch die Baumrinde angreifen könnten: Das faule Obst vertrocknet, der Staub wird an den Stamm geweht oder durch den Regen aufgewirbelt und so nimmt das Schicksal seinen Lauf.

Das ist ein guter Grund, um das Fallobst regelmäßig zu entfernen. Es sollte bis zur völligen Zersetzung kompostiert werden, da es wieder auf der Baumscheibe landen könnte.

Des Weiteren kommt es häufig vor, dass faules Obst am Baum hängen bleibt. Man nennt es „Fruchtmumien". Spätestens wenn die Blätter abgefallen sind, kann man es gut sehen.

Die Fruchtmumien fallen nicht ab, selbst im Winter und auch nicht im folgenden Frühjahr! Die Fäulnis daran ist ansteckend und greift unaufhaltsam um sich. Bei Mirabellen und Kirschen faulen ganze Fruchtbüschel und bei (un)günstigen Bedingungen sogar die ganze Ernte. Die Fäuliserreger überwintern in den Fruchtmumien und verursachen im folgenden Jahr den gleichen Schaden.

Fruchtmumien müssen spätestens beim Frühjahrsschnitt entfernt werden.

Man sollte sie am besten gleich im Sommer, noch bevor sie die Ernte gefährden, aber spätestens im Winter entfernen.

Ideal wären ein paar Hühner unter den Bäumen. Sie jagen die herabsinkenden Spannerraupen, picken das Fallobst mitsamt den darin befindlichen Wicklermaden und düngen die Baumscheibe. Sie würden aber bei hoher Dichte auch viele nützliche Kleinlebewesen verputzen.

Schorf und Mehltau

Schorf ist die wichtigste Krankheit in Bezug auf den Ertrag der Bäume. Man erkennt ihn sehr leicht an braunen Flecken an den Blättern und in einer späteren Phase an den Früchten. Die Blätter fallen schließlich ab und das Obst wird rissig, also unbrauchbar.

Ein paar Tage Regenwetter reichen schon für erste Anzeichen des Befalles mit Schorf.

Mehltau wird noch „Schönwetterpilz" genannt. Im Frühsommer 2014 ging es ihm besonders gut.

Ein anfälliger Baum kann bei ungünstigen Wetterverhältnissen (häufiger Regen und Wärme) seine Blätter mehrmals im Jahr verlieren. Dadurch wird er lebensgefährlich geschwächt.
Gegen Schorf kann man im Frühjahr und Sommer mit Sud aus Schachtelhalm mehrmals spritzen, die abgefallenen Blätter systematisch entfernen oder im Winter die Baumscheibe mit einer Harnsäurelösung besprühen. Sie zersetzen sich dadurch schneller und werden von den Regenwürmern gerne gefressen. Er überwintert auf den Blättern und man sollte alles tun, um bis zum Frühjahr keine Blattreste mehr in Baumnähe zu haben.
Mehltau erkennt man an pelzigen, hellgrauen Triebspitzen. Dagegen kann man mit Sud aus Schachtelhalm spritzen und das befallene Material entfernen, aber nicht kompostieren.
Er überwintert auf den Triebspitzen, die vertrocknen oder sowieso im nächsten Jahr wertlos sind.

Spitzendürre (Monilia) und Feuerbrand

Die äußeren Anzeichen und der Verlauf dieser Krankheiten sind sich zum Verwechseln ähnlich. Beide Krankheiten haben fatale Folgen für den Baum, da die Erreger bei Regen und Wärme durch die Blüten in das Holz eindringen und bis zur Wurzel vordringen. Man erkennt die Spitzendürre sehr leicht, wenn die jungen Spitzen nach der Blüte vertrocknen und sich spazierstockähnlich verkrümmen.

Monilia findet mit `Schattenmorelle` einen idealen Wirt.

Der befallene Trieb muss etwa 20 bis 30 Zentimeter unterhalb der sichtbaren Symptome entfernt werden. Das Schnittwerkzeug muss nach jedem Schnitt mit Alkohol desinfiziert werden! Durch Spitzendürre werden im feucht-warmen mitteleuropäischen Klima anfällige Sorten unhaltbar, wie das für die Sauerkirschen der Sorte ´Schattenmorelle´ der Fall ist. Viele Baumschulen haben diese Sorte deswegen aus dem Sortiment gestrichen.

Traurigerweise sind auch mehrere Zierpflanzen für Spitzendürre anfällig, so z.B. die Forsythien. Sie werden nicht so genau beobachtet und gepflegt wie die Obstbäume und dienen somit als Wirtspflanze für das Überleben der Erreger.

Feuerbrand hat grob betrachtet ähnliche Symptome wie die Spitzendürre, ist aber so gefährlich, dass diese Krankheit sogar meldepflichtig ist. Ich frage mich nur, wer für die eindeutige Diagnose im Hobbybereich verantwortlich ist?!

140 Hier muss der ganze Ast entfernt werden. Werkzeug reinigen!

Krebs und Kragenfäule

Krebs hat fatale Folgen für den befallenen Trieb oder Ast. Es handelt sich hierbei um entzündete Wunden, die der Baum erfolglos zu überwallen versucht.

Man erkennt die Befallsstellen am jungen Trieb an eingesunkener und eingetrockneter Rinde bzw. am Ast durch Rindenwucherungen. Das befallene Material muss etwa 20 bis 30 Zentimeter unterhalb der befallenen Stelle kompromisslos entfernt werden. Bei sehr dicken Ästen reicht es aus, wenn das kranke Material zu 100 Prozent herausgesägt oder gemeißelt wird. Das offene Holz darf danach keine dunkelbraun gefärbten Einschlüsse enthalten! Die Wirkung der Maßnahme muss regelmäßig überprüft werden

Hier greift die älteste Hygienemaßnahme: entfernen und verbrennen!

Ein stiller Dulder! Der Durchmesser dieses Astes ist etwa 15 Zentimeter. Heilbehandlungen sind da fast sinnlos, die Entfernung des ganzen Astes hat gravierende Folgen für den Baum.

und die befallene Stelle gegebenenfalls nachbehandelt werden. Die Wunde muss versiegelt und das Werkzeug nach jedem Schnitt mit Alkohol gereinigt werden.
Die Kragenfäule befällt den Stamm im unteren Bereich, hauptsächlich in Spritzwasserhöhe.
Die Fäulnis verbreitet sich um den ganzen Stamm und zerstört die Saftwege. Die befallene Rinde ist eingesunken und stinkt. Auch hier muss das kranke Material restlos entfernt werden.
Das Schnittwerkzeug muss auch hier nach jedem Schnitt gereinigt werden. Der Baum ist ohne rechtzeitige Behandlung hoffnungslos verloren. Wenn das gesamte Laub des Baumes gelb wird, ist es bereits zu spät.

Am Rande beobachtet

Der Obstbaum ist Teil seines Umfeldes und kann nicht isoliert betrachtet und gepflegt werden.
Er braucht die Bestäubung durch Fluginsekten und die Befreiung von Parasiten durch Singvögel.
Sein Gedeihen in dem von Menschen gestalteten Umfeld ist bestimmt eine sehr komplexe Angelegenheit und ich möchte hier nur auf einige Aspekte eingehen.

Wo sind die Insekten geblieben?
Seit Jahren beobachte ich meinen Mirabellenbaum während der Zeit der Blüte. In all dieser Zeit habe ich nur einzelne bestäubende Insekten darauf beobachten können.

Der Mirabellenbaum hat es eilig, er blüht ganz früh.

Biene an Kirschblüte

Der Mirabellenbaum blüht relativ früh, meistens Anfang/Mitte April. Im Jahr 2005 wurden die Blüten von Regen, starkem Wind und Kälte beschädigt. Die Fruchtbildung (Befruchtung) war gleich Null. Vor der Blühsaison 2006 hatten wir einen sehr langen Winter und einen kalten Vorfrühling. Folglich blühte der Baum erst Anfang Mai. Selbst bei warmem Wetter waren immer noch keine Insekten an den Blüten zu beobachten. Im Frühjahr 2007 habe ich eine(!) Hummelkönigin und eine (!) Wildbiene daran gesehen. Interessieren sich die Insekten nicht für Mirabellenblüten oder haben wir keine mehr?
Mitten im Wohngebiet sind fast alle Gärten und Innenhöfe aufgeräumt, die Rasenflächen werden regelmäßig gemäht und es gibt fast keine wild wachsenden Pflanzen. Folglich gibt es auch fast keine Brutstätten und Futterstellen für Insekten. Viele Blumen und blühende

Sträucher sind aus anderen Regionen der Welt eingeführt und unsere einheimischen Insekten haben nichts davon.
So beobachte ich seit Jahren die Hortensien und Forsythiensträucher und habe noch nie ein Insekt an den Blüten gesehen.
Ich habe nichts gegen die Forsythien oder gegen andere eingeführte Pflanzen, wir sollten aber die einheimischen Pflanzen und Blumen, schon der Insekten wegen, nicht total verdrängen. Diejenigen Insekten die unsere Obstblüten bestäuben wollen danach auch noch ein wenig Nahrung finden. Gleiches gilt auch für die Singvögel. Sie vertilgen die schädigenden Insekten und ihre Puppen, wenn sie aber im Herbst ein paar Früchte anpicken, wird ihnen gleich der Krieg erklärt.
Man kann anstatt eines sterilen Rasens auch eine Blumenwiese fördern! Nicht jeder hat Kinder, die eine Spielfläche brauchen und es wird nicht jeder Quadratmeter als Trittfläche genutzt. Ein paar Wildblümchen könnten doch in einer Ecke eine Chance bekommen?! Man muss ja nicht gleich den ganzen Garten vergammeln lassen.

Nichts bringt so viel Freude im Garten wie die Boten des Frühlings. Die ersten Insekten brauchen die Nahrung zur Gründung der neuen Population.

Diese Hagebutten lasse ich für die Vögel.

Ich beobachte schon seit einiger Zeit den Umgang meiner Mitmenschen mit den Rasenflächen. Wenn die Graspflanzen – der Rasen besteht auch nur aus einzelnen Pflanzen – brutal kurz zurückgeschnitten werden, reagieren sie panikartig und wachsen schneller. Damit machen sich die Leute nur zusätzliche Arbeit und schwächen die Pflanzen unnötig. Wildblumen haben da keine Chance. Wenn man den Rasen beim Mähen etwas länger stehen lässt, bleibt der Boden gegen Regen und Sonnenschein geschützt und das Gras wächst nicht so panikartig schnell. Es könnten ein paar Blümchen aufblühen und die nützlichen Insekten hätten auch etwas davon. Da der Rasenmäher alle Insekten wegsaugt, sollte man nicht die ganze Fläche in einem Arbeitsgang mähen. Es gibt höchstwahrscheinlich in jedem größeren Garten einen Bereich in dem man ohne Fangkorb mähen könnte. Der Boden wird dadurch besser gegen die Witterung geschützt und das Gras wird gesünder wachsen....

Den so genannten Englischen Rasen habe ich dort gesehen, wo er zu Hause ist: Entweder ist die Fläche nur wenige Quadratmeter groß und es wird jeder unerwünschte Halm mit der Pinzette entfernt oder die Fläche wird von einem professionellen Gärtner gepflegt.

„Auf meinem neu angelegten Rasen wächst in den nächsten zwanzig Jahren kein Unkraut", hat mir ein stolzer Mitmensch gesagt. Daraus kann ich nur schlussfolgern, dass die Fläche ausreichend und nachhaltig vergiftet worden ist. Die Kinder dieses ordnungsliebenden Menschen spielen nun darauf...

Singvögel kann man im Herbst mit Wildfrüchten weglocken. In meinem Garten wächst eine wilde Weinrebenpflanze deren Früchte kurz vor den Äpfeln reifen. Die Vögel bedienen sich nach Belieben davon und lassen dafür meine Äpfel in Ruhe. In einen Süßkirschenbaum kann man einen Brutkasten für Stare aufhängen. Die Starenfamilie wird sich am Obst erfreuen, aber ihr Revier kategorisch gegen andere Eindringlinge verteidigen. Stare richten oftmals im Herbst großen Schaden an, besonders wenn sie in Schwärmen über die Obstkulturen herfallen.

Aber beobachten Sie einmal ein Starenpaar im Sommer: Sie fliegen ohne Pause und verfüttern Mengen an Raupen an ihre Jungen. Was würden diese Raupen anstellen? Im Frühjahr 2005 und 2006 waren die Obstbäume im südlichen Saarpfalz-Kreis von den Raupen des Frostspanners kahlgefressen. Sie haben ganze Arbeit geleistet! Ohne Singvögel könnte das häufiger vorkommen.

Im Garten des Obst- und Gartenbauvereins haben die Vögel gesiegt und die Macht dauerhaft übernommen: Ohne Schutz- und Pflegemaßnahmen gibt es kaum Befall durch Spannerraupen und Ausfälle durch den Apfelwickler sind sehr selten. In jedem großen Baum hängt ein Brutkasten, der jeden Spätherbst gründlich gesäubert wird. Die Brutkästen werden im Winter auch gerne als Schlafstelle angenommen.

Vogelbeeren, Hagebutten und andere Wildfrüchte wirken gut als Vogelfutter. Nur sehr hungrige Vögel klauen die Früchte vor unserer Haustür.

Maulwürfe und Engerlinge

Der Maulwurf beschädigt keine Baumwurzeln! Er ernährt sich von Würmern und Engerlingen und rührt die Wurzeln nicht an. Im schlimmsten Falle lockert er die Erde genau im kritischen Wurzelbereich und entzieht dadurch dem Erdreich die Feuchtigkeit. In der Luft kann die Wurzel keine Nährstoffe aufnehmen. Außerdem könnte der Baum seinen festen Halt verlieren.

Das gilt aber nur für neu gepflanzte Bäumchen. Ich habe in einem solchen Fall das Loch im Erdhügel mit einem Wasserstrahl zugeschwemmt. Danach hat der Maulwurf eine andere Route geschaffen und den Baum in Ruhe gelassen. Wenn die Bäume einmal entwickelt sind, richtet der Maulwurf überhaupt keinen Schaden mehr an.
Kritisch wird es, wenn Wühlmäuse seine Laufkanäle nutzen und dabei die Wurzeln der Bäume beschädigen. Wenn das so ist, sollte man den

Der Maulwurf sorgt für Luft im Boden und Drainage.
Bei Schneeschmelze quillt das Wasser im unteren Bereich der Wiese zentimeterhoch aus einigen Löchern.
Über mehrere Tage sind das ein paar Kubikmeter.

Maulwurf erst recht in Ruhe lassen, da er mit den Wühlmäusen friedlich zusammenlebt, aber ihnen die Jungen wegfrisst. Man kann ihn ärgern, indem man seine Erdhügel auf dem ganzen Gelände zerstört: Er wird ganz bestimmt ausweichen, aber irgendwann wiederkehren. Er jagt den besten Freund des Gärtners, den Regenwurm, aber er dezimiert auch extrem gefährliche „Schädlinge": Engerlinge können einem Baum sehr gefährlich werden, da sie bei Massenbefall sogar riesige Buchen zu Fall bringen. Die Erdhügel sind manchmal optisch störend, man sollte aber den kleinen Wühler grundsätzlich in Ruhe lassen.

Ein Streifen meiner Obstwiese ist im Frühjahr extrem feucht. In der Hoffnung, dass er im Sommer für Drainage sorgt, unterstütze ich die Bodenfruchtbarkeit in diesem Bereich. Wenn mein kleiner Freund dort schmackhafte Würmer findet, profitieren wir beide davon.

Thujas und Wacholder ohne Ende

Bestimmt ist es schon vielen Obstfreunden aufgefallen, dass Birnbäume immer seltener werden. Das liegt wohl daran, dass diese Bäume etwas anspruchsvoller als Apfelbäume sind und das Birnenobst nicht so vielseitig verwertet wird wie die Apfelfrucht. Der Hauptgrund liegt aber am Birnengitterrost (warzenähnlicher Befall der Blätter) weshalb schon viele junge Birnbäumchen aus den Gärten entfernt wurden oder zugrunde gegangen sind. Die Erreger des Birnengitterrostes wechseln von den Birnbäumen auf Wachholdersträucher (auch Thujasorten stehen unter Verdacht) und umgekehrt. Da Thujas und Wacholder sehr beliebt und zurzeit allgegenwärtig sind, gibt es kaum noch erregerfreie Zonen für Birnbäume. In wenigen Jahrzehnten geht somit vor unseren Augen eine altbewährte Obstart verloren. Hier haben es viele Hobbygärtner mit den allbekannten Supermarktsorten versucht, die Versuche sind aber an deren Ansprüchen und der Krankheitsanfälligkeit gescheitert.

Man kann auch Hecken aus Wildobst (Apfelbeeren, Felsenbirnen, Scheinquitten, usw.) anlegen und mit dem Obst sich selbst und den Singvögeln etwas Gutes tun.

Im Winter sind die Vögel dafür dankbar.

Im Frühsommer 2014 fand ich nur geringe Anfangssymptome von Birnengitterrost.

„In diesem Jahr gibt's nichts!"
Spannerraupen haben schon die Obstbäume ganzer Landstriche kahl gefressen. Wenn die Bäume danach neue Blätter austreiben müssen, so stoßen sie das Obst ab und kümmern sich vorrangig ums nackte Überleben. Dagegen kann man etwas tun: Man unterstützt die Singvögel mit Brutkästen, Wasserstellen und sachdienlicher Winterfütterung. In einzelnen Obstgärten kann das schon, bei konsequenter und über mehrere Jahre durchgeführter Unterstützung, ausreichen.

Mir ist aufgefallen, dass Obstbäume innerhalb dichter Hecken nicht so stark von Raupen geschädigt werden. Das könnte damit zusammenhängen, dass sich die kleinen Singvögel bevorzugt in den Hecken aufhalten und zuerst dort jagen.

Wenn der Befallsdruck durch Raupen zu groß ist, werden die Vögel sich nur satt fressen und die Brut damit aufziehen. Mehr kann man wirklich nicht von ihnen verlangen. Dann muss der Mensch direkt eingreifen. Schonend für den Baum ist das Anbringen von Leimringen im Herbst. Dadurch können die flugunfähigen Frostspannerweibchen nicht mehr in die Krone gelangen und die Eier dort ablegen. Man muss aber dafür sorgen, dass der Leimring seine Haftfähigkeit langfristig behält, beziehungsweise man muss ihn erneuern. Im Frühjahr muss man unterhalb des Leimrings abgelegte Eier des Frostspanners vernichten. Es gibt Leim, den man direkt auf die Baumrinde aufpinseln kann.

Die Frostspannermännchen sind das einzige Insekt, das bei niedrigen Temperaturen fliegen kann – man sieht sie oftmals im Scheinwerferlicht. Frostspanner überleben bis minus 15 Grad Celsius problemlos. Den haftfähigen Leimring kann man im Frühjahr weiterhin belassen, da er nun gegen die Ameisen (sie installieren Blattläuse) gute Dienste tut.

Im Frühsommer 2005 haben die Spannerraupen ganze Landstriche im südlichen Saar-Pfalzkreis kahlgefressen. Die Bäume haben das Obst abgestoßen, wenn sie überhaupt welches hatten.

Da wurde gesagt „In diesem Jahr gibt es nichts!" Im Bereich meiner Wanderwege ist fast keinem Hobbyobstbauern eingefallen, sich um die Regulierung des Frostspanners zu kümmern.

Man geht davon aus, dass die natürlichen Feinde der „Schädlinge" fünf bis sechs Jahre brauchen, um sich soweit zu vermehren, dass sie einen wirksamen Kampf gegen die Spannerraupen aufnehmen können.
Im Folgejahr haben die Obstbäume geblüht wie selten und es gab keine Ausfälle durch Spätfröste, da der Vorfrühling bis Ende April konsequent kalt war. Die Spannerraupen haben an den gleichen Stellen wieder alle Obstbäume kahlgefressen: „In diesem Jahr gibt es nichts!" wurde schon wieder gesagt. Wenn man gegen solche Plagen nichts tut, dann sollte man auch nichts erwarten. Es gibt sowieso nichts, es sei denn, man nimmt es sich indem man vorher dafür sorgt, dass überhaupt etwas zu holen ist.
Wenn die Katastrophe eingetreten ist, kann man mit einem Absud aus Wermut und/oder Rhabarberblättern mehrmals spritzen. Bei kleinen Bäumen kann man die Raupen einfach zerquetschen, sollte aber mehrmals nachprüfen, ob noch welche vorhanden sind.
Im Handel bekommt man ein biologisches Bekämpfungsmittel, das den sogenannten *Bacillus thuringensis* enthält und das nach einigen Tagen tödlich auf die Raupen wirkt. Die Obstbäume in des Nachbarn Garten dienen dann weiterhin den Gegenspielern als Futterstelle.

„Ohne Spritzen gibt's nichts!"
Davon sind viele Menschen überzeugt, auch wenn sie selbst keine Geschäfte mit sogenannten „Pflanzenschutzmitteln" machen. Sie investieren Zeit und Geld in todbringende Mittel und Maßnahmen. Wenn man einmal damit begonnen hat, kommt man aus dem Teufelskreis nur sehr schwer wieder heraus. Man kann alle Insekten auf einem Baum durch Sprühen mit Insektenlösungsmittel regelrecht auflösen. Auch die „Nützlinge"! Doch hier hat der Teufelskreis seinen Anfang! Die „Schädlingspopulationen" erholen sich problemlos nach der ersten Niederlage gegen die chemische Keule und verbreiten sich danach wieder rasend schnell. Wenn die „Nützlinge" und deren Brut gleich mitvergiftet worden sind, bekommen sie erst recht leichtes Spiel.

Wer mit Gift sprüht, muss es immer wieder tun. Um den richtigen Zeitpunkt muss er sich auch kümmern, denn von der Natur bekommt er keine Unterstützung mehr. Wenn dann im Frühjahr die Schutzmittel von vielen Regengüssen abgespült werden, hat der Gärtner viel zu tun und seine Maßnahmen werden höchstwahrscheinlich nicht wirken. Bei eingerollten Blättern kommt sowieso fast kein Wirkstoff direkt bei den Übeltätern an. Unter Umständen wird der Gärtner den Boden gleich mit vergiften und seine Bäume werden noch anfälliger.

Die Flüssigkeitströpfchen wirken bei Sonnenschein wie kleine Brenngläser und das kann bedeutende Schäden an den Blättern bewirken. Darum kann man nur in der Abenddämmerung spritzen. Wer mit giftigen Pflanzenschutzmitteln sprüht, muss sich beim Griff nach jeder Frucht fragen, ob der Zeitpunkt der Pflegeaktion weit genug zurückliegt um nicht selbst Schaden zu nehmen. Über langfristige Gesundheitsschäden durch synthetische Pflanzenschutzmittel möchte ich hier gar nicht spekulieren.

154 Mirabellen schaffen bis 130 Grad Oechsle Mostgewicht.

Die Kirschen in Nachbars Garten interessieren mich schon seit frühester Kindheit. Heutzutage verrotten sie tonnenweise auf den Streuobstwiesen.

Die größten Feinde der Insekten sind die Insekten selber! Wer dieses Gleichgewicht (zer)stört, hat kurzfristig verspielt. Fanatische Umweltschützer sind sowieso der Meinung, dass der Mensch der größte Umweltschädling ist. Wenn man bedenkt, wie viele Millionen Hektar weltweit mit synthetischen Pflanzenschutz- und Düngemitteln behandelt werden, könnte das sogar stimmen.
Der Verzicht auf das letzte Prozent des Ertrages würde uns bestimmt gut tun! Die Kernfrage ist doch, ob jede Ertragssteigerung die damit verbundenen Risiken rechtfertigt.
Mein Mirabellenbaum war vor vielen Jahren so extrem von Raupen befallen, dass ich es nicht mehr mit ansehen konnte. Ich habe daraufhin mit einem radikalen, chemischen Pflanzenschutzmittel für zwei Euro pro Milliliter (!) gespritzt. Mein Sprühgerät hat noch jahrelang ekelhaft danach gestunken...
Am nächsten Tag hat ein Meisenpaar die gerade flügge gewordenen Jungvögel auf meinen Baum gelockt. Der Tisch war ja fürstlich ge-

deckt?! Ich weiß nicht, ob die zarten Vögel oder folgende Generationen durch mein Pflanzenschutzmittel zu Schaden gekommen sind, ich habe mir aber damals geschworen, diese Dummheit nie mehr zu wiederholen.

Durch Schnittmaßnahmen, regelmäßiges Düngen und mit Unterstützung der Meisen sind solch radikale Aktionen für mich schon lange kein Thema mehr. Der Baum wächst den Blattläusen nun regelrecht davon. Der Austrieb ist so stark, dass nur ein geringer Teil der Blattmasse befallen werden kann.

Nun, der Einsatz von Chemie ist keine Sackgasse! Man kann mit etwas Mühe und Geduld (über mehrere Jahre) und Abstrichen bei den Erntemengen auf den natürlichen Pfad zurückkehren. Dem einen oder anderen Baum – Lieblingssorte auf dem falschen Standort – könnte es aber das Leben kosten. Er hätte auch mit chemischer Unterstützung nur ein kümmerliches Dasein gehabt, mal ehrlich…

Viele Naturliebhaber vertreten die Ansicht, dass Obstbäume in Monokultur mit Herbiziden, Fungiziden, Pestiziden und synthetischem Dünger regelrecht zum Ertrag gepeitscht werden, obwohl sie eigentlich unterernährt sind und durch widrige Standortbedingungen geschwächt sind.

Hier werden die Schwächesymptome unterdrückt ohne dass man sich über die wahren Ursachen Gedanken macht! Die Behandlung mit der Peitsche scheint schon immer kostengünstiger als das Zuckerbrot gewesen zu sein, den Preisunterschied bezahlt der Konsument später im Gesundheitswesen…

Die richtige Sortenwahl, Baumscheiben anlegen und Leimringe anbringen, regelmäßiges Düngen mit Kompost/Naturdünger oder Mulchen sind der Schlüssel zum Erfolg! Kleine Leiden kann man mit leichten Hausmitteln lindern: Sud aus Brennnesseln gegen Blattläuse, Sud aus Wermut oder Rhabarberblättern gegen Raupen sowie Sud aus Schachtelhalm gegen Pilzbefall können wahre Wunder wirken, aber nicht von einem Tag auf den anderen. Man erzielt damit die besten Ergebnisse, wenn man sie vorbeugend anwendet! Blattläuse mögen keine Sonne – manchmal hilft schon einfaches Auslichten der Krone (siehe Baumschnitt).

Wer da noch mit todbringenden Mitteln spritzen muss, dem sei gesagt: „Prost Mahlzeit!"

„Die Bäume sind nicht mehr das, was sie mal waren..."

Das hat ein alt gedienter Kollege im Obst- und Gartenbauverein aus tiefstem Herzen geklagt. Bezogen hat er sich dabei auf den katastrophalen Zustand der Streuobstwiesen und die schlechte Erfolgsquote bei Neupflanzungen.

Das wollen wir mal ein wenig untersuchen: Früher hatten die Leute den Hof voller Geflügel und den Stall voller Tiere. Da waren sie froh, wenn sie den Mist auf der Streuobstwiese oder im Garten „entsorgen" konnten. Ausgiebig Zeit dazu hatten sie im Winter.

Wenn sie im Gelände oder bei den Nachbarn einen gesunden Baum mit wertvollen/brauchbaren Früchten gesehen haben, haben sie davon Edelreiser geschnitten und selbst geposselt. Somit wurden gut angepasste Sorten weiterverbreitet. Die Menschen hatten noch ein wenig Zeit für ihre Bäume und nicht so viele Termine wie heute.

Im Zuge der freien Märkte und der offenen Grenzen sind später allerlei Sorten in den Verkehr gebracht worden. In den Fünfziger Jahren war z.B. die Apfelsorte ´Ontario´ ein absoluter Renner. Warum? Man meinte damals, dass aus Nordamerika nichts Schlechtes kommen kann und mit dem Begriff „Ontario" konnte man romantische Wildwestgeschichten und die Vorstellung von unberührten Landschaften verknüpfen. Nach den Standortanforderungen dieser Sorte hat kaum jemand gefragt...

Geflügel und anderes Getier fand man inzwischen zubereitungsgerecht im Handel und die lästigen Misthaufen waren aus den Ortschaften verschwunden...

Das Ergebnis war, dass nur wenige Bäume dieser eingeführten Sorten einige Jahrzehnte überdauert haben. Die exotisch klingenden Bezeichnungen haben da nicht geholfen.

Die Baumschulen beschaffen heute Sorten aus aller Welt und viele Interessenten suchen gezielt exotische oder solche Sorten, deren Früchte sie aus dem Supermarkt kennen. Diese sind aber weit davon entfernt, im Hausgarten bei minimaler Pflege zu gedeihen oder zufriedenstellende Erträge zu bringen. Damit müsste ausreichend erklärt sein, warum die Bäume nicht mehr das sind, was sie einmal waren.

„Was gut war kommt wieder", sagt der Volksmund! Also, zurück zu heimischen Sorten und auch ein wenig „in die Hände gespuckt"!

Anmerkung: Die Sorte 'Ontario' kam schon im 19. Jahrhundert nach Europa. Sie ist hier nur als Stellvertreter exotisch klingender Sortenbezeichnungen erwähnt. Auf warmem Standort und bei guter Pflege ist sie sogar sehr empfehlenswert.

Bio oder Chemie?

Es werden oftmals Bioprodukte mit konventionell erwirtschafteten Produkten verglichen. Meistens sehen die mit synthetischen Mitteln gedüngten und gespritzten Früchte schöner aus. Wohl gemerkt, sie sehen nur schöner aus.

Als mein Sohn ein Kaninchen bekam, haben wir das getan, was sehr viele Menschen tun: Wir haben im Supermarkt Gemüseabfall gesammelt und wollten das Tierchen damit verwöhnen. Erstaunlich war nur, dass die Feinschmeckernase die frischen Gemüseblätter meistens ignorierte und sich lieber dem trockenen Heu zuwandte. Selbst feinste Apfelstücke wurden, mitten im Winter, von dem Tier ignoriert oder nur lustlos angeknabbert.

Unser Urteil war sehr schnell klar: „Diese verwöhnte und überfütterte Häsin ist ein wenig blemm blemm. Jahre später hat mir ein Kollege im Obst- und Gartenbauverein von ähnlichen Beobachtungen erzählt. Er ist sogar noch weiter gegangen und hat seinen Kaninchen Apfelstücke der gleichen Sorte zur Wahl angeboten. Der Unterschied lag nur in der Herkunft: Das eine Stückchen war bio und das andere war chemisch. Erstaunlicherweise haben sich die Kaninchen immer für das Biostückchen entschieden. Seitdem lässt mein Kollege die Qualität des gekauften Obstes von den Kaninchen testen!

Ähnliche Beobachtungen wurden bei Regenwürmern gemacht. Die sind genau so „blemm blemm" wie die Kaninchen: Sie bevorzugen das herumliegende Bio-Material und kümmern sich überhaupt nicht um das Aussehen. Ich schimpfe oftmals mit den Amseln, weil sie die

Mulchdecken auf den Baumscheiben zerscharren. Interessant ist hierbei zu beobachten, dass die Amseln nur die Flächen aufsuchen, die aus kompostierfähigem Material bestehen. Die Mulchdecken aus purer Nadelholzrinde sieht man häufig in Vorgärten – sie enthält Gerbsäuren, Terpentin u.a. – werden von ihnen kaum angetastet. Der Grund mag wohl darin liegen, dass sich unter der Decke aus lebensfeindlicher Koniferenrinde kaum Würmer aufhalten.

Wer ist denn eigentlich „blemm blemm"?
Wenn ich sehe, mit welcher Gleichgültigkeit viele Menschen irgendeinen industriell gemixten Misch-Masch nach dem Motto „Es muss schmecken!" regelmäßig verzehren, dann glaube ich, dass der Mensch ein wenig „blemm blemm" geworden ist oder gemacht wurde.
Bei jedem Nahrungsmittelskandal (z.B. Dioxin kurz vor Weihnachten 2010) bekomme ich Angst, wenn ich mir vorstelle, welche Folgen es haben kann, wenn wir jahrzehntelang:
- Monokultur fördern und für den Einsatz schwerer Maschinen die Fluren bereinigen,
- den Boden pflügen und wenden, d.h. die Mikroorganismen in für sie lebenswidrige Erdschichten bringen und dadurch die Bodenfruchtbarkeit zerstören,
- mit der Schwarzbrache den Boden monatelang allen Widrigkeiten durch Wind und Wetter ausliefern,
- mit synthetischen Mitteln düngen und mit den darin befindlichen Rückständen die Bodenflora schädigen oder das Trinkwasser vergiften,
- kein eigenes und ans Lokalklima angepasstes Saatgut verwenden (dürfen?),
- die Pflanzen mit Insektiziden, Fungiziden und Herbiziden ein wenig, wenn auch nur befristet, vergiften.

Na dann „Prost Mahlzeit, wenn es nur schmeckt!" Wieso leben wir überhaupt noch?

Mir kann keiner erklären, warum das nicht anders geht. Ich bin geistig nicht in der Lage, das zu verstehen.

Hier Grenzen für unbedenkliche Giftwirkungen festzulegen ist nicht die ganze Lösung des Problems. Manchmal ergeben die stichprobenartig durchgeführten Kontrollen haarsträubende Ergebnisse.

Sind die Kontrollen überhaupt ausreichend, besonders bei Importen aus Ländern mit einem anderen Bio-Verständnis? Warum gibt es so viele, national und international, verschiedene Grenzwerte für ein und denselben Rückstand? Warum ist das überhaupt ein Thema?

Leider kann man nur auf seinem eigenen Grund und Boden kleine Bio-Inseln schaffen.

Ich wurde mal von einem Nachbarn wegen meinem Bio-Wahn belächelt. Meine Replik war einfach: „Alles ist Chemie – sie muss aber nicht immer synthetisch sein!"

Es entsteht aber langsam ein neuer Wirtschaftszweig: Die Zucht und der Vertrieb von „Nützlingen" für den biologischen Landbau. Auch ich habe gelegentlich ein paar Ohrwürmer oder Marienkäfer zu verkaufen...

Wie schmal der Grat der konventionellen Düngung ist, zeigen folgende drei Beispiele:

- Eine Überversorgung mit Stickstoff führt zu einem anfälligen Baum mit krankhafter Wüchsigkeit, mit Frostschäden im nächsten Winter und mit schlecht haltbaren Früchten. Eine Unterversorgung bewirkt klein bleibende Früchte und mindert somit den Ertrag.
- Zu viel Phosphor behindert die Aufnahme von Zink; zu wenig ist schlecht für die Vitalität der Blüten und die Haltbarkeit der Früchte.
- Zu viel Kalium behindert die Aufnahme von Kalzium (führt zu Stippe!), Magnesium und Mangan (zeigt sich in Form von Blattnekrosen); zu wenig bedeutet schlechte Haltbarkeit der Früchte da die Säure fehlt.

Nur so viel zu den drei wichtigsten „Grundstoffen"!

Wie sind aber die Wechselwirkungen der anderen notwendigen Mineralstoffe, in weit größerer Zahl, bei Überversorgung bzw. Mangel? Welchen Einfluss haben Temperatur und Niederschläge, z.B. für die

Nitratauswaschung? Wie lange sind diese Stoffe in synthetischer Form in der obersten Erdschicht verfügbar? Welcher Hobbyobstbauer mutet sich diese Gratwanderung zu?
Frisch verpflanzte Bäumchen und Buschformen sind besonders anfällig. Die Preise für synthetische Düngemittel und die Kosten für Laboranalysen sind beachtlich.
Kleiner Trost: Mit der Natur fährt man besser, Kompost zum richtigen Zeitpunkt und Gesteinsmehl reichen aus. Mein Großvater hat nie was von „Nitrophoska" gehört und hatte trotzdem Obst in großen Mengen.
Wie aus dem Beispiel mit den drei wichtigsten Grundstoffen schon ersichtlich ist, kann man es den Bäumen gar nicht recht machen. Hinzu kommt noch die Frage, ob die richtige Menge zum richtigen Zeitpunkt aufnahmefähig verfügbar ist. Ein Baum kann begrenzt Nährstoffe in seinem Holzkörper speichern und zum gegebenen Zeitpunkt abrufen. Daraus folgt der logische Schluss, dass man Halbstämme auf Sämlingsunterlagen wegen der kräftigen Wurzel und der großen Krone, also mit viel Holzmasse, bevorzugen sollte.

Bio ist mehr als der Verzicht auf synthetische Schutz- und Düngemittel.
Es wird hauptsächlich auf vorhandenes Material und Mittel aus der Natur zurückgegriffen. Biologisch gärtnern bedeutet aber nicht hinschmeißen und sich selbst überlassen. Auch im Biologischen Landbau muss gedüngt und gepflegt werden. Die Biowirtschaft erfordert mehr Arbeit, die Beschaffung und Anwendung der Mittel ist nicht so bequem und was immer wieder bei direkten Vergleichen (mit Absicht?) vergessen wird: Eine auf biologische Bewirtschaftung umgestellte Fläche muss ausreichend groß sein und braucht mehrere Jahre bis sich ein natürliches Gleichgewicht eingependelt hat. Erst danach sind die Früchte optisch vergleichbar.
Bio und Monokultur vertragen sich genau so schlecht wie Chemie und Monokultur! Mit dem einfachen Verzicht auf synthetische Dünge- und Pflanzenschutzmittel ist man noch lange nicht bei Bio angekommen. Es gehört etwas mehr dazu, wie z.B. heimische und angepasste Sor-

ten, die Anwendung von Methoden aus den Schwerpunktbereichen Permakultur, Waldgarten, mulchen, usw.
Wenn einige Hunderttausend Tomatenpflanzen in einem Treibhaus eingekapselt sind, dann ist das der falsch eingeschlagene „biologische" Weg.
Ein fruchtbarer und humusreicher Boden hat einen pH-Wert von 6,5 – 7,0. In diesem Bereich ist die Versorgung mit den meisten Nährsalzen optimal. Ein solcher Boden, besonders wenn er mit organischem Material abgedeckt ist, verträgt problemlos sauren Regen oder Trockenperioden. Ich überprüfe regelmäßig den pH-Wert des frischen Regenwassers. Es war bis jetzt immer neutral, daher pH 7.0.
Basaltmehl enthält etwa acht Prozent Kalk, das hat bei mir im Garten bisher gereicht.
Im Gegensatz zu gesunden Lebensmitteln und fruchtbaren Böden haben wir (agrar)industrielle Nahrungsmittel und ertragreiche Böden in Hülle und Fülle. Durch erhitzen wird so manches Lebensmittel zum Nahrungsmittel herabgestuft.
Ich mache mir keine Gedanken über die Inhaltsstoffe der Fertigsuppen. Ich kaufe sie nicht!
Wenn keine Zeit zum Kochen ist, essen wir je zwei Äpfel und eine Banane!
Warum mit chemischen Mitteln spritzen und düngen, wenn wir Obstsorten haben, die seit Jahrhunderten bekannt sind, also aus einer Zeit in der nur Bio-Vegetation vorhanden war?

Die Biowirtschaft beginnt mit der Sortenwahl!
Ältere Menschen klagen darüber, dass das aus ihrer Kindheit bekannte Obst heute nicht mehr das sortentypische feine Aroma hat. Das mag an Alterserscheinungen ihrer Geschmackssinne liegen aber bestimmt auch an der Tatsache, dass nicht mehr regelmäßig mit organischem Material gedüngt wird. Man kann auch annehmen, dass der Geschmackssinn der Menschen heutzutage durch Geschmacksverstärker derart übersättigt ist, dass sie ein zartes und natürliches Aroma als fade empfinden...

Die Natur ist der Gärtner mit der längsten Erfahrung. Wer gab dem Menschen das Recht, sich mit synthetischen Mitteln und schwerem Arbeitsgerät in die Abläufe der Natur einzumischen?

Unkraut, Wildkraut und Zeigerpflanzen

Als Unkraut bezeichnen wir üblicherweise jede Pflanze die ohne unser Zutun und gegen unseren Willen in unserem Garten wächst. Meistens ist aber das Unkraut schon vor unseren Kulturpflanzen da gewesen. Jedes Kraut ist Teil der Schöpfung und ist nur solange unerwünscht als wir es nicht zu nutzen wissen oder gar nicht nutzen wollen.
Wir sollten es zutreffender Wildkraut nennen, da es noch ohne unsere Hilfe bestehen kann.

Eine dünne Schicht Rohkompost enthält viele Samen. Daraus wird in meinem Garten wertvoller Gründünger.

Wenn man bedenkt, dass der Samen einer Birke vom Wind über eine Entfernung von bis zu 2000 Kilometer transportiert wird und dass der Samen der Vogelmiere etwa zwanzig Jahre keimfähig ist, so sollte man sich deswegen keinen Stress mehr machen. Durch Bodenbearbeitung wird so manches Samenkorn erst in die keimgünstige Bodenschicht gebracht. Glücklicherweise ist jeder Samen nur einmal keimfähig.

Man kann den Spieß auch hier umdrehen: Wenn ein Wildkraut gegen unseren Willen über mehrere Jahre in unserem Garten bestehen kann, dann muss es ihm doch besonders gut gehen!? Was signalisiert es?

Wenn man die natürlichen Ansprüche dieser Pflanzenart gut kennt, kann man daraus Rückschlüsse auf das Mikroklima und die Bodenbeschaffenheit in unserem Garten ziehen. Dadurch wird die Pflanze zum Indikator für die vorhandenen Standortbedingungen, auf Deutsch: zur Zeigerpflanze (siehe Kapitel „Sortenwahl") – und das ganz ohne teure Bodenanalysen! Wenn dadurch ungünstige Bedingungen für unsere Nutzpflanzen angezeigt werden, kann man durch gezielte Dünge- und Pflegemaßnahmen die Standortbedingungen beeinflussen.

Beispiel: Der Gärtner kann sich gegen die Vogelmiere (Hühnerdarm) nicht mehr wehren. Ab und zu erscheint auch eine Brennnesselpflanze. Die Vogelmiere zeigt an, dass Humus und Stickstoffsalze vorhanden sind und die Brennnessel zeigt einen guten Stickstoff- und Eisengehalt des Gartenbodens an. Gratulation, er hat einen guten Gartenboden!

Die einzelnen Brennnesselpflanzen ergeben ein hervorragendes Kompostmaterial und der Teppich aus Vogelmiere spendet wertvollen Schatten. Die Vogelmiere schützt den Boden gegen Überhitzung und sie raubt den Kulturpflanzen sowieso kein Licht. Man kann die Pflanze sogar in Salate beimischen.

Sie enthält Wirkstoffe für die Behandlung vieler Beschwerden, zur Aufzählung braucht man etwa sechs DIN-A4 Seiten. Die Brennnessel ist schon lange als Heilpflanze bekannt. Gärtnerherz, was willst Du

mehr? Seitdem ich den Garten nicht mehr umgrabe, ist die Vogelmiere gar kein Thema mehr. Sie ist fast verschwunden.
Traditionell handelnde Gärtner haben oftmals eine panische Angst vor Unkraut. Von Kompost wollen sie gar nichts hören, da er Unkrautsamen enthalten könnte. Sie tun so als hätten sie vorher kein Unkraut im Garten gehabt! Das Unkraut betrachten sie als Nahrungskonkurrent für die Nutzpflanzen und als Schandfleck, denn ein Faulenzer will niemand sein...
Selbstverständlich, fühlt sich auch das sogenannte Unkraut wohler auf fruchtbarem Boden.
Daher der Eindruck, dass es erst mit dem Kompost in den Garten gekommen ist.
Aber Unkraut wird erst zum Problem wenn es den Nutzpflanzen das Licht wegnimmt! Ansonsten kann es sich als Gründünger recht nützlich machen: Seine Wurzeln binden Nährstoffe und nützliche Bodenbakterien und es beschattet den Boden. Nützliche Insekten finden Futter an den Blüten und Parasiten werden zum Teil abgelenkt. Die Pflanze selbst ist, zusammen mit den Wurzeln und den daran befindlichen Bodenbakterien, ein hervorragendes Rohmaterial für die Kompostierung.
Ich bringe jeden Herbst eine dünne Schicht frischen Kompostes im Garten aus und nutze die zarten Unkrautpflänzchen als Gründünger. Im Frühjahr wird damit gemulcht.

Falsch verstanden

Der Prophet im eigenen Lande
Oftmals bekommt man einen guten Rat, manchmal sogar von einer völlig fremden Person im Vorbeigehen. Erstaunlicherweise werden solche Weisheiten von vielen Menschen eher angenommen als eine fundierte, kontextbezogene und begründete Meinung aus dem engsten Familien- oder Bekanntenkreis. Warum?
Die Intoleranz mancher Menschen geht so weit, dass sie nicht bereit sind, auf einen Bruchteil der bearbeiteten Fläche für das Ausprobieren alternativer Methoden zu verzichten.
Hinzu kommt noch, dass ein besseres Ergebnis der anderen Schule niemals akzeptiert wird. Warum fürchten sich die Menschen davor? Warum wird dem Menschen oftmals jedes Wort im Munde verdreht, wenn er im Sinne naturgemäßer Methoden argumentiert? Haben wir seit dem finsteren Mittelalter nichts dazugelernt?

„Das macht man so!"
Wie oft habe ich das schon gehört!? Diesen Mann oder diese Frau würde ich mal gerne zur Rede stellen! Meistens kommt diese Floskel von Personen, die das Vorgehen nicht anders kennen und/oder keine Widerrede dulden. Diese Behauptung hat nur ihre Gültigkeit, wenn man eine Begründung dazu hat. Die alleinige Behauptung: „Das haben wir schon immer so gemacht!" ist ein Zeichen geistiger Armut oder ganz einfaches Recht-Haben-Müssen-Wollen!
Wenn man sein Vorgehen stereotypisch wiederholt und mit dem Ergebnis der Arbeit nicht zufrieden ist, oder hört, dass es auch besser sein könnte, so kann man auf einer kleinen Fläche, frei nach dem Motto: „Probieren geht über Studieren" ein wenig experimentieren. Etwas Geduld muss man auch haben, weil sich die Wirkung der geänderten Vorgehensweise nicht immer sofort zeigt.
Einem Bekannten oder Verwandten etwas über naturgemäße Methoden – als Beispiel die Blätterdecke im Wald: Mulchen findet in der Natur seit Jahrmillionen statt – zu erklären, ist meistens zwecklos, da

nur ein ungläubiges Lächeln zu erwarten ist. Vormachen und mit sichtbaren Erfolgen demonstrieren ist viel sinnvoller, denn gegen die Macht der dummen Gewohnheit muss man etwas unternehmen!

Und hier einige Beispiele mit eventuell ernsthaften Folgen:

Der winterfeste Garten
Was versteht man darunter? Wenn damit das Verpacken von frostempfindlichen Pflanzen (z.B. Fichtenreisig um/auf Rosen) gemeint ist, kann ich das gut nachvollziehen. Auch das Abdecken von Baumscheiben ist als Winterschutz sinnvoll, so sind z.B. die Wurzeln von frisch verpflanzten Quittenbäumchen besonders frostempfindlich.
In unseren Breiten deckt die Natur im Herbst alles mit Blättern und umgefallenen/geknickten Stauden und Gräsern sowie mit morschen Pflanzenresten aller Art zu. Kein Quadratzentimeter Fläche bleibt ungeschützt liegen und kein Staubkorn wird vom Winde verweht.
Wer im Wald spazieren geht, kann das gut beobachten. Warum muss dann die Erde im Hausgarten umgegraben und kahl sein? Warum muss die für uns so wertvolle Fläche allen Widrigkeiten des Winters ausgesetzt sein? Der Garten ist kein Sandkasten für spielende Kinder! Er muss nicht optisch eintönig aussehen und hygienisch steril sein!
Im Obst- und Gartenbauverein haben wir gelegentlich Anfang Oktober große Mengen Blätter von Linden, Buchen und Pappeln mit der Schubkarre auf die Obstwiese gebracht und damit abgedeckt. Mitte Dezember war fast nichts mehr da! Der Wind hat sie nicht weggeweht, was in dem Umfeld (direkt in den Hof eines Kindergartens) eine Katastrophe gewesen wäre. Es bleibt nur zu vermuten, dass die Kleinlebewesen und die Regenwürmer ganze Arbeit geleistet haben: Die Blätter wurden bei feucht-warmem Herbstwetter zu wertvollen Nährstoffen umgearbeitet.
Manche Menschen reagieren hysterisch, wenn der Wind ihnen ein paar Blätter vom Nachbargrundstück auf den Rasen oder in den Garten weht. Sie sollten die Blätter dankbar annehmen und als Abdeckmaterial nutzen! Ein paar Blätter auf dem Rasen schaden überhaupt nicht, da sie von den Regenwürmern verwertet werden.

Ekelhaftes Getier

"Regenwürmer sind schleimig, Kröten haben Warzen, Asseln sind prähistorisch, Igel haben Flöhe, Blindschleichen sind furchterregend, Spinnen sind..." Diese Aufzählung könnte unendlich fortgeführt werden. Deshalb wird von vielen Gärtnern kein Reisig- und Blätterhaufen im Garten geduldet, egal wie groß das Gelände ist. Wer die Elemente der Schöpfung so betrachtet, sollte auf seinen Hof/Garten verzichten. Jedes Tier hat seine Rolle im großen Theaterstück!

Wildbienen und Wespen sind kein Problem, wenn man das Fallobst abends entfernt und zur Ablenkung ein paar Früchte auf dem offenen Komposthaufen liegen lässt. Hummeln können nur stechen, wenn sie sich irgendwie abstützen können. Wespen sind Fleischfresser und jagen Raupen und Blattläuse.

Die Ernährungsweise macht die Maulwurfsgrille zu einem umstrittenen Tier. Sie ernährt sich überwiegend von Tieren, hier von einer Käferlarve. Sie verschmäht aber auch vegetarische Kost nicht. In Bayern steht die Maulwurfsgrille auf der Roten Liste.

Hornissen kümmern sich nur um ihre eigenen Angelegenheiten. Die Stiche dieser Insekten sind nicht gefährlicher als Bienenstiche! Kröten, Spinnen und Asseln verkriechen sich am liebsten in der Natur und nicht in unserem aufgeräumten Aufenthaltsbereich.
Wenn wir das „ekelhafte" Getier in Ruhe lassen und ihm einen bescheidenen Lebensraum zugestehen, werden wir ganz bestimmt nicht von ihm belästigt und können von seiner Lebensweise profitieren. Die „ekelhaftesten" Tiere des Gartens bekommen wir gar nicht zu Gesicht: Wühlmäuse, Nachtschnecken, Engerlinge und Maulwurfsgrillen!

Blätter und Gras werden im Drahtkorb vorgetrocknet.

Grasringe am Baumstamm

Man sieht gelegentlich etwa 20 bis 30 Zentimeter dicke Ringe aus frischem Rasenschnitt an einem Baumstamm. Jemand hat da etwas falsch verstanden oder er hat böse Absichten. Diese Maßnahme sollte man nur anwenden, wenn man den Baum gegen den Willen anderer Personen in die Brennholzphase versetzen will! Die Grasschicht versorgt die Stammrinde mit dauerhafter Feuchtigkeit und bietet Schimmelpilzen einen idealen Lebensraum. Es kann als Wunder betrachtet werden, wenn der Baum das überlebt. Dem Baum nutzt es gar nichts wenn eine dicke Schicht Mulchmaterial direkt am Stamm deponiert wird, da die Nahrungsaufnahme durch die Feinwurzeln weiter außerhalb stattfindet. Direkt neben dem Stamm befinden sich nur die dicksten Wurzeln, die für die Standfestigkeit des Baumes zuständig sind.

Oftmals finde ich große Flächen mit rohem Kernholz unter dem Ring aus Gras, verursacht von vielen Verletzungen durch den Rasenmäher. Einen gepflegten Rasen erkennt man aus der Ferne und dass scheint den Gärtnern sehr wichtig zu sein, um eine Verletzung der Baumrinde zu sehen muss man schon etwas genauer hinschauen.

Umgraben

Umgraben im Sinne von Erdschichten durcheinander bringen und wenden ist widernatürlich und wissenschaftlich überholt. Die milliardenfach vorhandenen mikroskopisch kleinen Bodenlebewesen werden dadurch in für sie lebensfeindliche Schichten gebracht: Die eine Hälfte erstickt in den untersten Schichten und die andere Hälfte vertrocknet oder erfriert an der Oberfläche. Schade nur, dass der Gärtner die Folgen seiner lebensfeindlichen Handlung nicht mit bloßem Auge erkennen kann: Er hat durch das Umgraben im Herbst den größten Teil seiner arbeitswilligen Mitarbeiter getötet. Im Frühjahr findet er eine lockere und feinkrümelige Bodenschicht (Frostgare) vor

So ein Bretterkomposter kann beliebig auf- und umgebaut werden. Über Winter setze ich den Kompost nicht um da sich Kleintiere darin aufhalten könnten.

und freut sich darüber. Nach ein paar Regengüssen gefolgt von Sonnenschein wird seine Gartenerde wieder verdichtet und verkrustet sein. Das nimmt er aber bedenkenlos hin, da es seit Generationen so bekannt ist...
Mit Bodenpflege hat das nichts zu tun. Etwas an ihrem Vorgehen zu ändern fällt vielen Kleingärtnern gar nicht ein, auch nicht wenn sie Impulse von außen bekommen. Man kann den Boden, mit einer großen Hacke oder einem Sauzahn, auch ohne wenden der Erdschichten lockern!
Erstrebenswert ist die Erzielung der sogenannten Zellgare. Sie besteht aus stabilen und relativ grobkörnigen Krümeln, die eine optimale Durchlüftung und Feuchtigkeitsspeicherung des Bodens ermöglichen und nicht verkrusten. Im Idealfall enthält die Zellgare einen hohen Prozentsatz Hohlräume, denn Wasser und Luft sind Gegenspieler. Sie besteht aber nur solange organische Nahrung vorhanden ist, das heißt, am besten unter einer Schutzdecke aus organischem Material.

Versteckter Kompost

Sehr viele Gärtner verstecken den Kompost indem sie ihn hochkonzentriert im Garten eingraben nach dem Motto: „Der Garten muss ordentlich aussehen!" Was heißt das aber? Welche Ordnung ist hier gemeint? Wo bleibt die ordentliche Tätigkeit der für die Pflanzen so lebenswichtigen mikroskopischen Bodenlebewesen?
Wenn der Kompost nur als Müll, Abfall, Mist, Dreck oder etwas extrem unangenehmes oder lästiges betrachtet wird, warum wird er überhaupt in den Garten gebracht? Jeder aufgeklärte Gärtner weiß, dass Kompost sehr kostbar ist. Warum wird er dann von so vielen Menschen versteckt? Vielleicht möchte der Nachbar es so haben? Wir könnten ihn ja mal fragen – er weiß bestimmt was für unseren Garten richtig ist!
Inzwischen weiß man aus der Fachliteratur, dass es durch eingegrabenen Kompost (fault und lockt „Schädlinge" an) beziehungsweise einseitiger Überdüngung zu Belastungen der Gartenpflanzen mit Nitrat und daraus entstehenden Giften kommen kann.
Ironie des Schicksals: Gerade die mit Stickstoff getrieben Pflanzen

Auch 800 Quadratmeter reichen aus um eine kleine Streuobstwiese anzulegen.

haben ein prima Aussehen. Sie kennzeichnen sich durch Riesenwuchs und die Blätter haben eine unnatürliche dunkelgrüne Farbe.
Der Nachbar wird neugierig und eifert nach. Salat und Spinat werden dadurch zu Giftbomben und bei Obstbäumen sind Vertrocknungsschäden im folgenden Winter zu erwarten da – durch den explosiven Wuchs – keine vollständige Verholzung der jungen Triebe erfolgt! Das Obst ist natürlich auch belastet.
Man kann den Mist, Abfall, Müll und vielerlei Dreck kompostieren, danach aussieben, das grobe Material erneut kompostieren, usw. Den gesiebten Kompost kann man flach in die oberste Erdschicht ein-

Bei diesem Anblick ist mir egal, ob Oeschbergkrone oder nicht, Hauptsache gesund!

arbeiten. Wenn die Menschen eine Mulchdecke schon nicht akzeptieren können, dann sollten sie wenigstens so viel Toleranz an den Tag legen, indem sie die Natur (d.h. die Bodenlebewesen mit ihrer Schlüsselfunktion) nicht vergewaltigen, denn sie kann knallhart zurückschlagen!

Bei der naturgemäßen Vorgehensweise (Rohkompost und Mulchdecke an der Oberfläche) verarbeiten die Bodenlebewesen das Material langsam zu wichtigen Nährstoffen und es kommt nicht zu Vergiftungen!

Es ist bestimmt besser wenn wir das Chemielabor unseres Gartens der Natur und den in Jahrmillionen von ihr ausgebildeten Mitarbeitern überlassen. Denen sollte man nicht ins Handwerk pfuschen, auch wenn wir „das immer schon so gemacht" haben.

Tradition und Traditionspflege sind mir heilig und man lernt schnell durch Abschauen. Man kann aber auch traditionelle Handlungsweisen hinterfragen (z.B. Umgraben). Wenn man von jemandem mit

176 Auch ungespritztes Obst kann handelsgerecht aussehen.

nachvollziehbarer Begründung aufgeklärt wird, sollte man sich nicht stur oder trotzig verhalten. Auch dann nicht, wenn der Chemie- und Biologieunterricht (Nitrat -> Nitrit -> Nitrosamine -> Krebs) schon Jahrzehnte zurückliegt, oder man überhaupt nicht in den Genuss dieser Lehren gekommen ist.
Warum im Zeitalter von Kühlschränken und Kühltransportern Nitritpökelsalz in Nahrungsmitteln zugelassen ist, verstehe wer kann. Ich verstehe auch nicht, warum Zucker im Brot und in der Wurst sein muss.

Mein Fazit
Wir können die Natur zu nichts zwingen. Wir können nur ihre Gesetze gut oder besser verstehen und von ihr etwas für uns abzweigen. Wir stehen nicht über der Natur (oder der Schöpfung), sondern wir sind nur ein kleines Rädchen in diesem komplexen System. „Der dümmste/faulste Bauer erntet die dicksten Kartoffeln" sagt man. Vielleicht hat er nur die Natur in Ruhe gelassen und nicht unsinnig eingegriffen.

Umweltschutz durch Brachland?
Ich kenne Personen, die ein Wiesengrundstück besitzen aber es seit 25 Jahren nicht mehr gesehen haben. Inzwischen ist das Stück total verbuscht und verwildert. Nach ihrer Absicht damit gefragt, bekommt man die Antwort: „Für die Natur, für den Umweltschutz". Der Verkauf dieses Urwaldes macht wenig Sinn weil man dafür kein großes Geld bekommt, zum Anlegen von Obstwiesen meinen sich diese Personen zu alt und krank oder sie haben ganz einfach keine Zeit dafür.
Ein verbuschtes Brachland ist ganz bestimmt gut für die Natur, aber in unserer Klimazone ist die biologische Vielfalt am größten in einer Streuobstwiese. Die Fachwelt ist sich noch nicht einig, man spricht aber von bis zu sechstausend Arten, angefangen von Gräsern, Kräutern und Blumen, über (Schimmel-)pilze, Flechten, Insekten und Vögel bis zu kleinen und größeren Tieren. Jede Spezies zieht eine ganze Reihe Fressfeinde hinter sich her.
Erstaunlich aber wahr, selbst für den Menschen bleibt etwas übrig. Er

bekommt feinstes Obst im Herbst, Vogelgezwitscher fast das ganze Jahr über, er kann dort tollste Szenen beobachten und vor allem findet er dort Ruhe und Ausgeglichenheit. Wer für teures Geld in ein Studio strampeln geht, sollte mal darüber nachdenken, wie erbaulich Grasmähen mit der Handsense, kurz nach Sonnenaufgang sein könnte. Wer erlebt denn heute noch einen Sonnenaufgang in freier Natur? Zurück zu den Eigentümern der Urwaldwiesen: Sie überlassen ihr Eigentum der Natur, aber kaufen gleichzeitig Obst, das auch bei uns gedeiht, vom anderen Ende der Welt. Dieses wird mit beachtlichem Energieverbrauch bis zu uns transportiert und so werden riesige Umweltschäden verursacht. Wo bleibt da der Umwelt- und Naturschutz? Das Obst von der eigenen Streuobstwiese reicht nicht für das ganze Jahr bzw. es lässt sich im privaten Bereich nicht bis zur nächsten Ernte lagern, aber man könnte damit einen eigenen Beitrag zur biologischen Vielfalt und zum globalen Umweltschutz leisten bzw. wenigstens guten Willen zeigen.

Kommerz

Kaufen Sie keine Massenpflanzware! Man bekommt gelegentlich Bäumchen für einen Spottpreis.

Es werden dabei Restbestände von aus der Mode gekommenen, modernen Sorten verscherbelt: Die Sortenetiketten sind manchmal abgefallen und die Obstsorten und -arten sind folglich durcheinander gebracht. Man erhascht Apfel- anstatt Birnbäume oder umgekehrt und das Pflanzgut liegt vorher tagelang in der Sonne und im Wind. Kurzum, man würde nur Abfall kaufen.

Omas Hinterhof

In einer Fernsehreportage wurden das Umfeld und der Betrieb eines Hühnerfleischproduzenten gezeigt. Es ist unglaublich, welche Mengen Hühnerfleisch dort industriell produziert werden. Ich schreibe mit Absicht „produziert", weil dieser Prozess nichts mit naturgemäßer Tierhaltung gemeinsam hat. Eine adrett gekleidete und topp gepflegte Mitarbeiterin meinte: „Bei dem heutigen Verbrauch reicht Omas Hinterhof nicht mehr aus".

Ja, ja, aber Omas Hinterhof liegt hunderttausendfach brach und ungenutzt da. Man kann jetzt nicht verlangen, dass alle Hinterhöfe mit Geflügel überflutet werden, man könnte aber den einen oder anderen Obstbaum pflanzen! Wenn die Menschen nur halb so viel Fleisch, dafür aber doppelt so viel Obst essen würden, würde ihnen gar nichts passieren. Es gäbe nur ein paar Millionen elende Kreaturen weniger auf der Welt. Anders kann man diese unglücklichen Tiere nicht nennen!

Also, liebe Omas mit oder ohne Hinterhof: Ein Obstbäumchen kostet nur so viel wie ein paar Tafeln Schokolade oder die Software für ein Computerspiel. Ein besseres Geschenk für die Enkelkinder gibt es nicht!

„Geduld bringt Rosen"

... – sagt der Volksmund. Manche Leute verwechseln einen Obstbaum mit z.B. einer Tomatenpflanze, die man im Mai in den Garten pflanzt und von der man Anfang August schon erste Früchte ernten kann. Nein, ein richtiger Obstbaum ist eine solide Investition für mehrere Generationen.

Ein Apfelbaum der Sorte 'Goldrenette von Blenheim' benötigt etwa 25 Jahre bis zum ersten Vollertrag. Wenn ich ältere Kaufinteressenten bei Sammelbestellungen im Obst- und Gartenbauverein darauf hinweise, denken sie gleich an die eigene Lebenserwartung und winken ab.

So meine ich es gar nicht: Man muss die folgende Generation bezüglich der 25 Jahre warnen, denn durch Ungeduld kann es dem jungen Baum an den „Kragen" gehen. Wer aber die erforderliche Geduld aufbringt, hat für die nächsten 100 Jahre einen Massenträger im Garten, dessen Frucht als eine der feinsten Delikatessen gilt.

Ich habe Verständnis dafür, wenn ein 80-jähriger Gärtner Buschbäume pflanzt, weil er selbst auch noch etwas von dem frühen Ertragseintritt haben möchte. Wegen den kleinen Hausgärten hat es sich inzwischen eingebürgert, hauptsächlich Buschbäume zu pflanzen. Wenn aber mehrere Buschbäume inmitten einer gepflegten Rasenfläche dahinvegetieren, entsteht ein Bild des Elends.

Die erste Ruine die ich sanieren durfte. Vorher gab es um mich nur Zweifler und Zweifel.

Ein kapitaler Halbstamm wäre da schon was ganz anderes.

Der Meister hat keine Schüler
Im Hobbyobstbau reißt der Faden leider sehr oft: Die Menschen beschäftigen sich erst in späteren Lebensphasen damit, ziehen ein paar Obstbäume auf und nehmen danach ihr Wissen in die Ewigkeit mit. Nach Jahrzehnten kümmert sich wieder ein Erbe um die inzwischen zu Ruinen gewordenen Bäume: Einige werden gefällt, die nachge-

Am Baum gereifte Früchte sind einfach lecker. Schade dass Pfirsiche nur kurz haltbar sind.

pflanzten Bäumchen werden falsch erzogen oder nicht ausreichend gepflegt und es gibt zuerst mal ein paar Rückschläge. Wenn sich die neue Gärtnergeneration solides Wissen angeeignet hat, wird sie abberufen und so schließt sich der Teufelskreis.
Es ist fast unmöglich, junge Menschen für den Obstbau zu gewinnen: „Darum kümmert sich der Opa, wir fahren jetzt zu einer Megaparty". Im Supermarktzeitalter sind Generationen herangewachsen, die fast keinen Bezug zum Obst- und Gartenbau haben. Dass Obstbau eine

sinnvolle Ausgleichs- und Freizeitbeschäftigung sein könnte, fällt vielen Menschen gar nicht ein. Viele glauben auch, dass man unbedingt im beruflichen Ruhestand sein muss, um in den Obst- und Gartenbauverein einzutreten. Vorher ist man angeblich noch nicht alt genug. Es ist unvorstellbar, wie gleichgültig viele Menschen darüber sind, ob die eigenen, meistens sich selbst überlassenen, Biobäume Obst tragen oder nicht! Chemisches Obst gibt es doch jederzeit im Supermarkt und das Geld dafür haben (noch) die meisten Leute.
Das Traurigste am Obstbau ist die Beobachtung, dass viele Menschen selbst für die Ernte und die Verwertung der geringsten Obstmenge aus dem eigenen Hausgarten keine Zeit haben. Der Zustand der Streuobstwiesen ist sowieso katastrophal.

Naturgeschichte

Wenn wir einige Millionen Jahre zurückblicken, sehen wir uns mit langen Armen von Ast zu Ast turnen. Adam und Eva mussten deswegen dreidimensional sehen und – um reife Früchte zu erkennen – Farben unterscheiden können.

„Der Mensch ist ein Allesfresser" sagen die Genießer. Wer sich aber für die gesunde Mischung interessiert, sollte unseren noch freilebenden, haarigen Brüdern – der genetische Unterschied zu den Primaten ist minimal – über die Schultern gucken. Sie ernähren und bewegen sich noch natürlich. Sie sind Pflanzen- und Obstfresser! Manchmal gibt es ein paar Nüsse oder Insekten und nur selten ein paar rohe Eier oder ein wenig Frischfleisch.

Ich sehe im Fernsehen womit die Primaten im Zoo gefüttert werden und wundere mich über die Zusammensetzung…

Entwicklungsgeschichtlich ist es höchst interessant zu beobachten, wie schnell der Mensch zum überzeugten Fleisch- und Körnerfresser mutiert (worden) ist. Es ist schon erstaunlich wie anpassungsfähig die Spezies Mensch ist, sie braucht bloß immer mehr Hilfe von der Ärzteschaft und der Pharmaindustrie.

Es gibt viele Publikationen in denen der Gesundheitswert des Obstes beschrieben wird. Die Ärzte empfehlen ein Minimum von fünf Einhei-

Die Sorte 'Prinz Albrecht von Preußen ist sehr produktiv. Dieser „junge Herr" bietet einem „Diener" einen köstlichen Vorschuss, könnte aber vergreisen bevor er erwachsen wird.

ten pro Tag, denn schon: „Ein Apfel am Morgen vertreibt Kummer und Sorgen". Gilt das auch für das Supermarktobst? Obst aus dem eigenen Garten schmeckt bestimmt besser als Medikamente!
Übrigens, das Wort „Paradies" entstammt dem altpersischen Pairidaeza, was nichts anderes als umgrenzter herrschaftlicher Park, ein Tier-, Lust- und Obstgarten bedeutet. So gesehen, können wir unser eigenes irdisches (Obst-)paradies anlegen, auch wenn es nicht so groß(artig) wie das Pairideaza eines altpersischen Königs ist.

Der Herr und sein Diener

Wer einen Baum in die Erde schmeißt und danach keine Zeit für ihn hat, kann lange warten bis er Früchte ernten kann. Wenn der Baum überhaupt das ertragsfähige Alter erreicht, wird der Eigentümer höchstwahrscheinlich mit dem Ertrag oder der Qualität der Früchte unzufrieden sein. Die Wahrscheinlichkeit, dass dieser Baum in jungen Jahren vertrocknet, vergreist oder später auseinander bricht ist sowieso maximal.

Man sollte bedenken, dass sich der Baum nur mit chemischen Substanzen gegen Angriffe jeder Art wehren kann. Wenn er unterernährt ist, entfällt auch diese Möglichkeit und er kann nur auf bessere Zeiten warten. Er kann nicht ausweichen, sich nicht schütteln oder kratzen und muss alles erdulden.

Der Baum wird von den Menschen oftmals als Symbol der Standhaftigkeit besungen. Um überhaupt eine Chance dazu zu bekommen, muss der Obstbauer aber auch seinen Beitrag leisten. Nur selten sind Klima und Standort optimal um dem Baum ohne Zutun des Menschen ausreichende Entwicklungsmöglichkeiten zu bieten.

Wenn es ihnen gut geht, produzieren die Obstbäume z.B. im ersten Jahr Fruchtholz, im zweiten Jahr Fruchtknospen an diesem jungen Holz und erst im dritten Jahr tragen sie Obst. Wenn dieser Zyklus durch Stressphasen gestört wird, ist mit Verlusten zu rechnen.

Auch nach der Ernte und auch wenn mal eine Ernte durch Wetterkapriolen ausfällt, sollte man die Bäume pflegen. Man sollte nicht immer gleich einen Lohn zur Vorbedingung für jede kleine Tat machen.

Vor dem Gesetz ist der Baum eine Sache. In der Beziehung Baum – Gärtner ist er der Herr und der Gärtner muss ihn stetig und konsequent bedienen. Erst wenn der Gärtner das begriffen hat, bekommt er zur gegebenen Zeit seinen vollen Lohn – und der ist fürstlich!

Nachwort

Einige meiner ersten Leser meinten, dieses Buch wäre in manchen Passagen ein wenig zu direkt oder gar sarkastisch bzw. spöttisch formuliert und meine Sicht wäre aus einem pessimistischen Blickwinkel dargestellt.

Das ist auch so beabsichtigt, denn ich möchte wachrütteln, in jeder Hinsicht, denn ich sehe fast nur Baumruinen und zu oft hilflose oder uninteressierte Baumbesitzer.

Ich habe Bücher zum Thema „Gehölzschnitt" vier- bis fünfmal gelesen, das Erlernte hinterfragt und aufgrund mehrjähriger Beobachtungen gefestigt. Bücher lesen und Kurse besuchen reicht nicht, man muss sich die Schuhe im Obstgarten schmutzig machen und einen sechsten Sinn für den Umgang mit Bäumen entwickeln!

Ob Profi oder Amateur, wichtig ist doch nur, dass man sich bewusst und konsequent um die Thematik kümmert. Ich mache Fehler am laufenden Band, merke es aber erst hinterher. Auch hier gilt der Spruch „Der Weg ist das Ziel"!

Wenn mein Buch wenigstens zum Nachdenken angeregt hat, so hat sich schon meine Mühe gelohnt.

In diesem Sinne wünsche ich meinen Lesern viel Geduld im Umgang mit den Obstbäumen und Freude an dem besten Lebensmittel: Frisches Obst aus dem eigenen Biogarten!

> „Ohne Arbeit von früh bis spät
> wird dir nichts geraten.
> Neid sieht nur das Blumenbeet,
> aber nicht den Spaten."
> Deutsches Sprichwort

Literaturtipps

Francé, R.-H.:
Das Leben im Boden/Das Edaphon. Untersuchungen zur Ökologie der bodenbewohnenden Mikroorganismen. Doppelband. OLV Verlag, Kevelaer, 6. Aufl. 2012

Funke, W.:
Der Obstgehölzschnitt. BLV, München 2006

Friedrich, G. und *Fischer, M.:*
Physiologische Grundlagen des Obstbaues. Ulmer Verlag, Stuttgart 2000

Friedrich, G. und *Rode, H:*
Pflanzenschutz im integrierten Obstbau. Ulmer Verlag, Stuttgart 1996

Hartmann, W.:
Farbatlas Alte Obstsorten. Ulmer Verlag, Stuttgart 2003

Hennig, E.:
Geheimnisse der fruchtbaren Böden. OLV Verlag, Xanten 2002

Kaschel, N.:
Äpfel aus dem Biogarten – Obstbaumpflege mit der Natur. OLV Verlag, Kevelaer 2010

Kleber, G. und *Kleber, E.:*
Gärtnern im Biotop mit Mensch. OLV Verlag, Xanten 2. Aufl. 2010

Klock, P.:
Veredeln, BLV Verlagsgesellschaft, München 2001

Kretschmann, K. und Behm, R.:
Mulch total – der Garten der Zukunft, OLV Verlag, Xanten 2003

Kreuter, M.-L.:
Der Biogarten, BLV Verlagsgesellschaft, München 2009

Kreuter, M.-L.:
Pflanzenschutz im Biogarten, BLV, München 2003

Mangold, G.:
Obstbäume schneiden verblüffend einfach mit Helmut Palmer. Franckh-Kosmos Verlag, Stuttgart 2005

Schmid, H.:
Obstbaumschnitt – Kernobst, Steinobst, Beerenobst. Ulmer Verlag, Stuttgart 1978

Schmid, H.:
Obstbaumwunden – versorgen, pflegen, verhüten. Ulmer Verlag, Stuttgart 1992

Sekera, M.:
Gesunder und kranker Boden. Ein praktischer Wegweiser zur Gesunderhaltung des Ackers. OLV Verlag, Kevelaer 6. Aufl. 2012

Zehnder, M. und Weller, F.:
Steuobstbau, Ulmer Verlag, Stuttgart

Gedichte

Der Apfelbaum

Bei einem Wirte wundermild
da war ich jüngst zu Gaste;
ein goldner Apfel war sein Schild
an einem langen Aste.

Es war der gute Apfelbaum,
bei dem ich eingekehret;
mit süßer Kost und frischem Schaum
hat er mich wohl genähret.

Es kamen in sein grünes Haus
viel leichtbeschwingte Gäste:
sie sprangen frei und hielten Schmaus
und sangen auf das beste.

Ich fand ein Bett zu süßer Ruh
auf weichen grünen Matten;
der Wirt, der deckte selbst mich zu
mit seinem kühlen Schatten.

Nun fragt ich nach der Schuldigkeit,
da schüttelt er den Wipfel.
Gesegnet sei er allezeit
von der Wurzel bis zum Gipfel.

Ludwig Uhland

Loblied auf den Apfel
(aus einem alten Kochbuch)

Eines musst du dir gut merken:
Wenn du schwach bist: Äpfel stärken!
Äpfel sind die beste Speise
Für zu Hause, auf der Reise,
Für die Alten, für die Kinder,
Für den Sommer, für den Winter,
Für den Morgen, für den Abend.
Äpfel essen ist stets labend!
Äpfel glätten dir die Stirn,
Bringen Phosphor ins Gehirn.
Äpfel geben Kraft und Mut
Und erneuern dir das Blut.
Auch von Most, sofern du durstig,
Wirst du fröhlich, wirst du lustig.
Drum, mein Freund, so lass dir raten:
Esse frisch, gekocht, gebraten
Täglich ihrer fünf bis zehn.
Wirst nicht dick, bleibst jung und schön
Und kriegst Nerven wie ein Strick.
Mensch, im Apfel liegt dein Glück!

Die Pflanze gleicht den eigensinnigen Menschen,
von denen man alles erhalten kann,
wenn man sie nach ihrer Art behandelt.
Ein ruhiger Blick
eine stille Konsequenz,
in jeder Jahreszeit,
in jeder Stunde das ganz Gehörige tun,
wird vielleicht von niemand mehr
als vom Gärtner erwartet.

J. W. Goethe

Den Gärtnern:
Ich zog eine Winde am Zaune
und was sich nicht wollte winden
begann ich aufzubinden.
Und dachte, für mein Mühen
sollt es nun fröhlich blühen.
Doch bald hab ich gefunden
dass ich umsonst mich mühte;
nicht, was ich angebunden,
war was am schönsten blühte
sondern, was ich ließ ranken
nach seinen eigenen Gedanken.

Friedrich Rückert

Der Autor

Kurt Kuhn, Jahrgang 1958, arbeitet als Diplomingenieur der Fachrichtung Elektronik und Telekommunikation. Sein großes Hobby ist der Obstbau. Als Baumwart im Obst- und Gartenbauverein Homburg wird er mit allerlei Fragen zum Obstbau konfrontiert. Aufgrund seiner langjährigen Praxis schöpft er aus einem großen Wissensfundus. Daraus entsteht die Idee zu diesem Buch. Der Autor setzt sich gezielt für den Erhalt alter Kultursorten und für naturgemäße Pflegemethoden ein.

NATÜRLICH GÄRTNERN
& ANDERS LEBEN

bietet im Wechsel der Jahreszeiten eine reich bebilderte Fülle praxisnaher Beiträge aus Biogartenpraxis, Nutzpflanzenarten und -sorten, Gehölz- und Blumengarten, Bodenpflege und -biologie, Kompostwirtschaft und Düngung, Gartengestaltung, jahreszeitliche Arbeitshinweise, viele Ideen, Tipps und Tricks...

NATÜRLICH GÄRTNERN & ANDERS LEBEN erscheint 6mal jährlich. ISSN 0944-4564. Fordern Sie einfach unverbindlich ein kostenloses Probeheft an!

Über jede Buchhandlung, Internet oder direkt vom OLV Verlag, Im Kuckucksfeld 1, 47624 Kevelaer, Tel.: 02832/9727820, Fax: 02832/9727869, www.olv-verlag.de

57. Jahrgang!